设计艺术基础理论丛书

设计学概论

Shejixue Gailun

余 强 编著

重庆大学出版社

图书在版编目(CIP)数据

设计学概论 / 余强编著. 一重庆:重庆大学出版
社,2013.11(2020.1重印)
(设计艺术基础理论丛书)
ISBN 978-7-5624-7794-5

Ⅰ.①设… Ⅱ.①余… Ⅲ.①设计学 Ⅳ.①TB21

中国版本图书馆CIP数据核字(2013)第260954号

设计艺术基础理论丛书
设计学概论
SHEJIXUE GAILUN
余 强 编著

策划编辑:周 晓

责任编辑:黄 岩 版式设计:周 晓
责任校对:秦巴达 责任印制:赵 晟
*
重庆大学出版社出版发行
出版人:饶帮华
社址:重庆市沙坪坝区大学城西路21号
邮编:401331
电话:(023)88617190 88617185(中小学)
传真:(023)88617186 88617166
网址:http://www.cqup.com.cn
邮箱:fxk@cqup.com.cn(营销中心)
全国新华书店经销
重庆升光电力印务有限公司印刷
*
开本:787mm×1092mm 1/16 印张:15 字数:242千
2014年1月第1版 2020年1月第2次印刷
印数:3 001—4 000
ISBN 978-7-5624-7794-5 定价:38.00元

设计从文化、从当代开始

——《设计学概论》序

王　林

　　因学科级别调整,余强的设计学著作得以修订再版,嘱予作文以记之。

　　从设计艺术学到设计学,少了"艺术"二字。这也是好事,让设计作为学科和美术学更有区分。美术一词来自日语,是中国的说法,实际上指的是 Art——艺术,故美术界谈当代艺术而不太说当代美术。中国大陆把设计学科放在美术学院里,一是因为原来不讲设计只讲工艺,最有资格的设计学院也叫中央工艺美术学院。二是因为近年来扩大招生,社会需求以设计居多,于是各大美院都增加设计系科以争夺生源。

　　设计系科放在美术学院里并非不可,但两者的区别应该讲究。以美术学为主的美术学院培养国油版雕及综合艺术、新媒体艺术的创作者或工作者,以纯艺术为主。而设计系科的培养目标则重在实用,因为设计总是和产品、产业有关。这样说,是因为美院的设计教学经常受美术教学的过度影响,往往也从形式、形态入手。学生对产品、产业及工程等知之甚少,出去以后很难胜任产品、产业、工程等生产性、商业性设计。

　　设计并非不讲究创造,但设计之创意,和艺术创造有所不同。就其主要方面而言,不是从形式、形态开始,而是从产业、从文化开始的。对产业状况及相关文化的分析,是设计的起点,设计创意的灵感是通过个中研究与体会过程中发生的。比如一个 Logo,形式本身并不是最重要的,关键是形式和企业文化的关系。说得极端一点，我们可以把设计创意更多地视为文化创意而非形态创意。

还有一个令人奇怪的现象，身在美术学院的设计系科特别的不关心当代艺术，而当代艺术正处于文化学意义上的转型，且具有智慧论的创造性。现行设计教学对现代艺术的利用十分青睐，大概是因为现代艺术主要是形态学意义上的成果，用起来方便，但这种借鉴，西方现代设计早已同步进行过。我们现在来做，只能跟在后面亦步亦趋，至多增加一点中国符号的点缀而已。这是中国山寨设计流行、缺乏独立创意的真正原因之一。改革之法只有了解、熟悉、深入当代世界艺术文化现状和中国历史文化资源，才能让学生在学习期间打下坚实而富有灵性的基础。

余强在书中已经论及设计学方方面面的问题，其再版后记亦申言了为设计学界定范围的必要性，这是设计作为学科研究与教育教学所需的。我在此只想说说身居美院对设计教育教学的想法，有感而发，必有言之不到也。

是为序。

2012 年 4 月 8 日
重庆黄桷坪桃花山侧

目　录

第一章　设计学导论

　　设计起源于人类生存的需要。从哲学的角度讲,有目的的实践活动体现了人类所具有的主体性和能动性。"设计"作为人类的实践活动,是人类改造自然的标志,也是人类自身进步和发展的标志。从方法论上讨论"设计",并非新名词,因为"思考问题,解决问题"是最早同人类的创造性思维联系在一起的。从史前打制和使用原始工具开始,人类为生存和生活之需而制造的工具和物品,使设计一开始就表现为人类最重要的生存方式,它作为一个生产的范畴,构成了人类实践活动的根本内容。马克思曾指出,自由自觉的创造性劳动体现了人类的本质。设计活动是人类实践活动的一种高级形式,人类的理性与智慧、直觉与想象、逻辑思维能力与审美意识水平都在设计活动中得到充分表现。今天,我们所见到的工业产品、视觉传达和生活环境等,都是设计的表现和设计的产物。很长时间以来,当人们着手梳理设计的基本属性时,往往会将其比喻为艺术和科学联姻的最佳产物,即设计被认为是人类创造力发挥的最好途径,它产生于人类发现和创造有意义的生活方式和生活秩序的需要,是人类基于生活需要而对事物在观念和实际地加以组织和改造的过程,这表现在人与自然、人与社会的关系之

图1-1
水上飞机　[芬兰]卢吉·利拉尼设计

中,而设计就是对这诸多关系的统一筹划,它几乎涵盖了人类有史以来一切文明的创造活动。设计的价值也正是在社会的发展过程中日益凸显。而设计学作为一门学科,则是对它的研究和理性思考。虽然对设计的研究可追溯到中国先秦时期的《考工记》和古罗马老普林尼的《博物志》,但是把它纳入科学的表现规范和描述范畴,是20世纪60年代的事情。由于20世纪科学技术的高速发展和新的社会需要的产生,使得产品的形式和功能的更新成为自觉的追求。设计越来越从生产过程中解放出来,逐步成为协调人和环境、个人和社会、生产和消费之间的手段。

现代设计发展一个世纪之后,其所涉及的范围和领域越来越宽,已不再仅仅是一个产品的功能与形式协调统一的问题,而是进入对于人的生活方式、生活空间、生活时尚及生活哲学等问题的认识。设计开始被视为是改善产品功能、创造市场、影响社会、改变人的行为方式的一门科学,从人类生活的方方面面,到社会和经济活动的各个领域,使设计的内涵和外延在不断拓展的过程之中,已经成为一门不断发展的、复杂的交叉性学科,体现了人类的观念和行为的主动性与创造的活力。

研究趋势表明,对设计这一复杂的文化现象,只有从不同的角度、运用不同的方法才能真正把握,才能贴近历史真实,发现它的存在价值,才能对设计发展的历史必然性有所认识。所谓"知识综合构成"的学科理论,就是知识产生的一条基本定律。从当今世界学科发展的状况来看,一门学科要从自身的角度来揭示其全部本质已不太可能。因此,设计的理论研究就不可能仅仅是一门学科的深入剖析,而应是多学科交叉的统观。例如,它与心理学的交叉体现在人的认识、思维等心理过程的许多相关序列上,在这些关键环节上,设计都是依照心理学的规律作用的;它与美学的交叉在于共同追求主客观的和谐关系;它与工程学的交叉在于它的技术部分,设计学对设计手段的研究,在工程学中被具体化了。因此,设计实际上是突破了单一领域开展的创新,是融经济、科技、文化和生活于一体。这样的结构,使设计有别于自然科学纵向的创新路径,改以横向的、跨学科联合的方式展开,进而形成了设计自身特有的创新活力。

设计学作为一门科学的研究活动和学问,力求通过个别上升到一般,在不同设计门类中找到具有共通性的特质。设计学的研究部分,重点是着落在这些本质问题的探讨上。随着时代的发展,

图1-2
美国加利福尼亚坎森住宅 解构主义建筑大师弗兰克·盖里设计 1978年

各类学科学术研究的拓展和深化,设计学与其他学科结缘,常可使这门学科的理论研究得到较大的改观,因而派生出许多边缘学科。概言之,设计一方面实现其对人类文明进程的重大影响,同时也实现着学科体系本身的自我完善。

设计的科学性以及设计过程和设计方法上的科学意义,导致了设计成为科学研究的对象的事实,即设计本身已成为一门学科。这就是美国管理学家、诺贝尔经济学奖获得者赫伯特·亚历山大·西蒙(Herbert A.Simon)在《人类理性与设计科学》里提出的"对人的恰当研究,在很大程度上是一门关于设计的科学"的深刻含义。这种研究,重在本质上对人类的设计行为和现象进行规范性的研究,即研究设计的共性。内容包括研究设计哲学、设计技能、设计过程、设计任务、设计方法和实际设计领域中的某些问题。设计科学重视从人类设计技能的本质上探讨设计规律,研究和描述真实设计过程的性质和特点,从而建立起一套普遍适用的设计理论。因此,设计科学与其说是设计方法,不如更确切地说是为了设计方法提供的科学依据。

受国际注重的设计科学(Science of Design)的基本体系如下:

(1)设计哲理:设计意义、设计的理性、适应性系统论、设计研究方法论等;

(2)设计技能研究:思维、问题求解和创造性思维的本质,思维机制,关于"设计智能"的探讨等;

(3)设计过程研究:真实的、普遍的设计过程模式、设计过程中的搜索(寻找设计方案)策略的机制等;

(4)设计任务研究:设计任务的可分解性、设计需要目标,设计任务的时间范围和空间范围、设计任务的表达、设计组织的管理任务、设计者—委托人关系等；

（5）设计方法研究（设计技术论）：设计的形式逻辑、设计方案搜索方法、设计方案评价方法、设计过程组织方法、表达方法、计算机应用等。

（6）其他专题：基于以上设计理论，结合专业设计知识，研究工程设计、组织设计、社会—经济设计（规划）等领域的特殊问题；建立适合培养专业设计人才的普遍设计理论课程；探讨设计科学进一步深入发展的途径等。

这六个方面总结了当时已初露端倪的设计科学的特点、内容和意义。这实际上也是设计学科的主要内容。如果按此思路，设计科学的基本框架应该包括六大领域，即设计现象学（Phenomenology）、设计心理学（Psychology）、设计行为学（Praxiology）、设计美学（Estheties）、设计哲学（Philosophy）、设计教育学（Pedagogy）。

在科学的层次上建立完整的设计学科是时代发展的要求和设计发展的自身要求，也是使设计脱离经验性束缚，走向科学的需要。20世纪70年代的日本，从综合的观点将设计作为跨学科的一门"学问"而提出。在进入90年代以后，人们对其重要性的理解及社会的需要逐渐提高。时至今日，学者们已经着手对诸如美学、比较设计学、通信理论、系统理论、计划学、设计方法论、政策学、环境学、信息设计学等单一学科，进行了具体的基础性研究和规划，以及开展将这些个别学科重组、综合为设计科学的设计理念或哲学。随着现代设计的不断发展，设计理论研究的逐步深入，已经为设计艺术学的学科建立奠定了较为坚实的理论基础。

第一节　作为一门学科的设计学

一、设计学科概念的确立和意义

广义的设计学是关于设计的科学，是研究"人工物"的科学和学科。设计作为融艺术与科学为一体的交叉学科，其在建设和发展的过程中，包括了自然科学、社会科学和人文科学的相关内容。早在1969年由赫伯特·西蒙首次提出"设计科学"这门学科门类的概念。他的著名论文《关于人为事物的科学》，从人的创造性思维和物的合理结构之间的辩证统一和互为因果的关系出发，总结出设计科学的基本框架，包括它的定义、研究对象和实践意义，设计

图1-3
荷兰风格派现代主义建筑
赫里特·里特维尔设计　1924年

学从此逐渐形成了独立的新兴交叉学科体系。

这里论述的"设计学"是"艺术学"门类下与美术学并列的一级学科。因此有必要将设计学与美术学做一比较。美术学是人文科学的一部分，是一门研究美术现象及其规律，研究美术历史的演变过程、研究美术理论及其批评的科学，换句话说，美术学也要研究美术思潮、美术理论、美术美学、美术史学。其研究也可以借鉴哲学、美学、心理学、社会学、文艺学的方法进行研究，从而形成边缘地带或形成新的交叉学科，例如美术社会学、美术心理学、美术市场学、美术管理学等。在这一界定中，美术学的基本研究对象包括美术史、美术批评与美术理论，它们构成了美术学的基本内容。在很长一段时间里，工艺美术被视为与美术史和建筑史有密切的联系，故蔡元培在《美术的起源》一文中对美术的狭义解释是：专指建筑、造像（雕刻）、图画与工艺美术等。所以工艺美术遂一直被纳入美术学的范畴，是作为美术学的一个分支来进行研究的。在当时，工艺设计与美术是相对应的，它们最大不同点在于：美术是为了欣赏而作的作品，而工艺设计则是为了实用的产品，前者是"看的艺术"，而后者则是"用的艺术"。

随着20世纪80年代以来，中国的改革开放使社会、经济、文化得到了快速的发展，设计活动不断对社会文明进程产生重要影响，"设计"这个概念逐步地在国内得到广泛的传播，直到1998年教育部将高等美术教育原有的"工艺美术"专业定名为"艺术设计"之后，艺术设计学才从种学科美术学中独立出来，正式作为艺术学一级学科下属与美术学并列的一个二级学科，成为一门全新的综合性前沿学科。在二级学科的大系统内,设计艺术的理论和设计实践是一个整体,它包括理论研究和应用研究等下属三级学科,只是更强调了设计艺术的本体性研究和学科的独立性,强调理论和实践的相互促进关系,促使技艺性学科在建制上不断完善。学科名称的变化,既充分考虑到设计与艺术二者内涵的延续性,同时又要体现学科体系的科学性和创新性。需要说明的是,在使用"设计艺术"和"艺术设计"两个概念时,本质没有区别,它们虽与"Design"的意义相近,但不含工程设计。工程设计旨在解决人造物(如机械、设备、交通工具、建筑等)中的物与物的关系,包括产品的内部功能、结构、传动原理、组装条件等。而设计艺术是在解决物与物关系的同时,更侧重于解决物与人的关系问题,考虑到产品对人的生理、心理的作用。因此,设计艺术是艺术而不是技术,但又不同于纯艺术,而是科学技术及人文科学、社会科学相结合的艺术,它的核心是设计,可以说是中国式的专用名词。

到了2011年,经过长时间、多方面的研讨论证,综合考量历史根源、学理和现实状况等多方面因素,国务院学位委员会讨论通过了将原有的一级学科"艺术学"升格为学科门类。在国务院学位委员会、教育部印发的2011年《学位授予和人才培养学科目录》中,艺术学正式成为第13个学科门类。

考虑到"设计艺术学"虽属艺术门类,但又具有交叉性学科的性质,遂将原有的"设计艺术学"改为"设计学",与艺术学理论、音乐与舞蹈学、戏剧与影视学、美术学并列为一级学科。至此,中国的设计与英语的"Design"有了可以对应的理论与实践语境,反映了这一学科发展的现实需要和未来发展的方向。而在2012年普通高校本科专业目录中,继续沿用或新加了艺术设计学、视觉传达设计、环境设计、产品设计、服装与饰品设计、公共艺术、工艺美术、数字媒体艺术等专业名称。而工业设计、服装设计与工程学科(可授工学和艺术学学士学位)继续办在工学学科,按教育部的说法是为了体现时代性、适应性、科学性和开放性的原则,保留一批学科基础比较成熟、社会需求相对稳定、布点数量相对较多、继承性较好的专业,调整一批内涵不够清晰、名称不够规范、区分度较小的专业,以增设一批国家战略性新兴产业发展和改善民生急需以及应用性强、行业针对性强的新专业。

设计学科的建立包括了设计所有的历史和理论研究的内容,从当代世界范围的设计理论研究的现状和我国设计学科建设的需要来看,其组成应包括:

设计发生学、设计人类学、设计文化学、设计现象学、设计技术、材料学、设计经济学、设计社会学、设计心理学、设计伦理学、设计生态学、设计行为学、设计形态学、设计符号学、设计美学、设计管理学、设计策划学、设计哲学、计算机图形图像学、设计教育学、设计批评学等。就目前开展的相关研究而言，大多以分支研究、专题研究为主，有关成果也大体代表了该学科现阶段的学术水平。

建立中国的设计学，不仅对于振兴当代民族经济，提高社会生活品质有巨大作用，更重要的是作为建设中的艺术学的一部分，设计具有重要的地位和责任。因此，有必要通过逐渐建构我国的现代设计理论体系，用科学的理性精神指导设计实践，让设计活动本身成为艺术与科学的高度和谐与统一。

二、设计学的研究对象与范围

设计学是关于设计这一人类创造性行为的理论研究。由于设计的终极目标是功能性与审美性的辩证统一，因此，设计学的研究对象便与这两方面有着不可分割的关系，梳理设计学与其他学科的关系遂非常重要，可以从与设计学有关联的学科关系中发现其自身的特点和研究范围。

设计的学科是基于自然科学、社会、人文科学而产生的新兴学科，因此，通常以构成世界的三大要素：人、自然、社会，构成设计学科的基本体系。

其中，自然科学融入技术研究"物"与"物"之间的关系，人文社会科学研究人、人与自身、人与群体的关系，设计研究的是人与物的关系，在这个意义上讲，设计横跨了科学技术与人文社会科学两大领域。

因此，设计学科正是体现自然科学、社会人文科学交叉性的一门学科。

对自然科学而言，设计学要对相关的数学、物理学、材料学、机械学、工程学、电子学等理论进行研究；其二是社会科学，设计学要对相关的色彩学、形态构成学、心理学、美学甚至包括哲学、社会学、文化学、民俗学、传播学、伦理学等进行研究，同时也要对相关的经济学、市场学、营销学、管理学、策划学等进行研究。另外，将设计学科的各个分支，从其宏观系统中独立出来加以研究，发挥其各自相互不能替代的属性、特点及作用，也十分重要，但越是突出和强调这些分支的特点和作用，就越要加强与宏观体系的联系与研究。

作为应用理论的研究对象也是其研究目的，即直接针对设计自身的实践，为实践活动提供理论支持。而说明性、可操作性和序列规范成为应用理论的研究特点,其对象成为纯粹的研究客体,可使用科学实验的手段,以实证或否证的方法进行研究。这样,交叉学科的范围更为广阔,可变性大,性质最为活跃。由于设计学与其他学科的联系与交叉研究是一个十分广泛的领域,系统难免庞杂,应从我国设计学科发展历史和范围来分析,如设计的发生学研究设计的起源、发展及其风格等,与历史学、考古学等密切相关;设计现象学研究设计的分类、设计艺术与经济、消费的关系等,由此衍生出设计经济学等新学科;环境景观设计不仅与传统的城市规划学科有紧密联系,同时也与地理学、社会学、经济学、心理学、文化学等存在更加密切的联系等。交叉学科是学科分化的现象,处在学科外沿,也是学科的前沿,不断对外交换,激励学科发展,开拓学科视野,只有通过与其他学科如此多的交叉和联系,彼此互为补充,才能为这一新型学科注入新活力和生机,带来新的变化。

从国内目前对设计学的研究现状来看,从学科分类的角度,大体可以确定其研究的对象、层次和研究的范围。有代表性的观点是:

(一)从学科规范的角度确定研究范围

鉴于设计学在西方是近些年从美术学中分离出来的独立学科,所以可依据西方对美术学的划分方法来对设计学的研究方向进行划分,即一般将设计学划分为设计史、设计理论与设计批评三个分支。设计批评与设计史、设计理论是三个既有联系又有区别的学科。它们构成了设计学的基本内容。其中设计史需要把握设计的过去、现在和未来的纵向发展脉络,必然要研究科技史、艺术史;研究设计理论必然要研究作为应用学科而拥有的来自实践,服务于实践的学科特征,从横向的基本原理和应用原理,研究相关的工程学、材料学和心理学;研究设计批评必然要研究美学、民俗学、伦理学的理论要求等,从而确定其基本的研究范围。

(二)从学科建立的框架体系中确定研究范围

学科体系建立的前提,就是该学科必须具备独立的自身特质。设计作为一门独立的学科,它一方面与社会、经济 、文化以及其他艺术有着密切的关联,另一方面又作为一个自我运行的系统,有着自身特殊的结构和内在机制。因此,在理论分析的形态上,遂表现出了外部和内部两种不同的特性,从而可以采用相应的原理论研究和跨学科研究两种方式。

图1-4
莱特兄弟设计了世界上第一个动力飞行器 开创了人类飞行的新时代 1903年

1.设计学原理论研究

从学理的角度看,设计已经成为与自然科学相区别的一门科学——设计科学。设计学经过多年的发展,在概念界定、基本特征、领域分类、产生和形成的目的、原则,以及具有相对独立意义的方法论和价值体系方面,具备了构筑学科概念的基本内核;同时作为实践性很强的应用型学科,在具体的设计活动中,不断构成其自身独特的实践应用理论。因此,可以从设计的基本原理和应用原理着手进行研究。

2.设计学的跨学科研究

设计学的研究对象是一种和人类社会文化系统具有多个交集的复杂客体,必须采用多种学科、多种方法来研究它才能系统地把握设计的特征和规律。因此,设计学被认为是一门新生的、跨学科的边缘科学,这是由它的学科性质决定的。

现代科学研究的综合性发展,促使许多学科相互交叉、相互渗透并构成了边缘学科的内容。设计学科自身的框架结构包含的分支领域的边缘性质,体现在他与其他学科横向联系交叉而形成的体系中,其自身不断充实与完善的结果也同时造就了更加丰富的分支学科领域。从宏观角度讲,社会学、经济学、美学、哲学、人类学、历史学等诸多学科的研究成果,共同作用于设计的发展;同时,各学科衍生出来的分支学科也更加丰富了设计的研究内容,如市场学、传播学、企业管理学、技术美学、营销学、广告学、消费心理学等,涉及自然科学和社会科学的多种领域。不了解不把握设计与相关学科的相互关系,就不可能真正揭示设计的内在性和设计作品的存在价值。因此,根据不同的设计对象和不同的研究目的、方法,可以选择相应的学科角度加以切入。可以说,对设计学交叉学科的剖析和诠释有助于人们加深对设计学跨学科研究的具体切入路径的理解。

设计学的跨学科研究主要指的就是设计学的交叉学科研究,其标志是与相邻学科相互结合、彼此渗透交叉而形成的一系列设计学分支学科的产生。它既是广义学科构架的一部分,又为人们提供了一定的科学性的学术研究方法和理论工具,需要根据对象进行不同的分析和研究。

设计学的分支学科,主要包括以下十个方面:

(1)设计哲学研究:设计的定义、感性与理性、内容与形式、人的需要与造物的目的、设计的美学、设计的哲学基础、设计的认识论等;

（2）设计形态学、符号学研究：设计的形态分类、形态造型与产品设计、视觉与形态、形态与符号含义、符号与传播、设计符号学等；

（3）设计方法学研究：各种设计方法及方法学、方法学理论分析、计算机辅助设计应用研究等；

（4）设计策划与管理研究：设计策划学理论、建模理论、设计任务的管理、设计组织的管理、设计质量的管理等；

（5）设计心理学研究：设计的创造性思维、思维机制、创造心理学原理、设计心理学的特征、消费心理学、认知心理与设计传播、理性与感性工学研究等；

（6）设计过程与表达研究：设计任务分析、设计过程模式与特殊性、设计方案搜索策略、控制机制、设计艺术表达等；

（7）设计经济学、价值工程学研究：设计生产的经济学性质、客户关系、设计与市场、设计的经济价值、科技价值、社会价值、审美价值、伦理价值及其互为关系等；

（8）设计文化学、社会学研究：设计与文化、文化特征与本质、文化与传统、设计与生活方式、设计社会学等；

（9）设计教育学研究：设计教育的思想、教育方法、教育内容与体系、产学研教育模式分析、设计师素质与职责等；

（10）设计批评学与设计史学研究：艺术批评与设计批评、批评模式与理论、批评的标准与理论、艺术史与设计史、设计史学理论等。

（三）设计发展规律的研究

设计理论，顾名思义，是对设计之理（或曰道）的思考与论述。道，既是规律又是途径，涉及本质问题，是通向形而上的思辨之途——以"道"为题，必然进入哲学的发问与解答。故理论一词，往往追究本质，探讨设计的发生意义以及内容与形式的审美关系，探讨设计艺术自身构成的诸种要素及组合规律。

由于设计的发展有其独特的规律性特征，我们可以从以下几个层面进行分析研究：

通过设计在设计史上的历史地位及其历史作用，研究设计的发生与历史的演化、风格和流派，其历史原型及模式，展现其产生与历史发展的运动过程和进步的历史形态，研究其发展的内在联系和规律；

立足于工业社会和科学技术的变革，探讨设计的手段、观念、方法和风格的变化。从设计的视角，把握现代社会在经济、工艺、

5	6
7	8
9	10

图1-5
美孚公司标志

图1-6
美国电话、电报公司标志

图1-7
人头马酒标志

图1-8
壳牌公司标志

图1-9
拿破仑白兰地酒标志

图1-10
三井银行标志

劳动方式以及价值观念和生活方式的变革；

认识不同时期人类社会的生产力和技术条件的基本特征，研究构成设计艺术物化表现的动因，从本体意义上，以设计形态的功能分析方法去研究设计的特质和广泛意义。

（四）从不同的理论层次的研究

张道一先生从理论研究的角度提出了技法性理论（如透视学、解剖学、色彩学、用器画、图案学、构成学、人机工程学等）、创作方法性理论（指由设计观念所指导的对艺术素材的综合处理）、原理性理论（在科学层次上的理性建构）三个层次。这三个层次相互区别又相互渗透，也可以确定其研究的层次范围。

第二节　设计学研究的现状及方法

一、从工艺美术到艺术设计

如果取广义的设计概念，即"人类有目的的创造性活动"，那么设计的历史可以被粗略地分为"前科学"时期与"科学"时期。

在工业革命之前，并不存在"设计师"这一社会角色。设计的手工艺时期，技术与艺术是紧密联系的，二者都由工匠来承担，当时的设计活动是融合在各行各业中的，因而手工艺活动本身就成为沟通技术与艺术、实用与审美的媒介，所谓的设计方法不过是经验、技艺、个人直觉与幻觉的综合。18世纪的欧洲，由于商业化和科学技术的发展，使设计与制造分离，出现了设计师行会。可以说，到了20世纪初，工业革命催生了一批新兴学科与职业，工业设计也开始从手工艺、艺术中独立出来，开始职业化、系统化、理论化地进行有目的的创造活动，并发展成为一门专门的学科，从而脱离了工艺美术的理论和职业范围，形成了适应现代科学技术发展的设计职业特征。设计在方法上也不再仅依靠经验与直觉，而开始与科学联姻。由于设计与巨大的制造业和科学技术融为一体，使设计成为现代社会的标志。

在我国，"工艺美术"一词，产生于20世纪初，是个复合词。美术是个外来词，而工艺在我国古代即有所专指。所谓"工"，一位日本学者认为是"土"字被铲平为"工"，指劳动生产的意思。故"工"一是泛指工匠艺人，手工业劳动者，如《论语·魏灵公》云："工欲善其事，必先利其器"。而在古籍中单独使用"工"字时，即有"工艺""工巧"之意。如《说文》云："工，巧也，匠也，善其事也，凡执艺事成器物以利用,皆谓之百工",即所谓"能工巧匠""巧夺天工"等。"艺"字最初为种植之意,是个象形字。也指才能、技艺、准则。工艺作为一个复合词,包含了工和艺的内容,指百工之艺。至近代,工艺泛指生产过程中的原材料、半成品的加工过程,含经验与制作过程等意义。鸦片战争之后,为了"师夷长技以制夷",学习西方的制器之术渐成风气。1902年,清政府颁布的新的学堂章程,规定建立实习教员讲习所,分为工农两种,工科设有造船、建筑、机械、电器、应用化学、制图、陶瓷、染织、金工、木工等,出现了现代工艺美术教育思想的萌芽,这是工艺美术得以生成的主要原因。而较早使用工艺美术或美术工艺一词的是蔡元培,1920年在他的《美术的起源》一文中写道:"美术有狭义的,广义的。狭义的,是专指建筑、造像(雕刻)、图画与工艺美术等"。同时期的俞剑华在其编著的《图案学》一书中写到:"图案(Design)一语,近始萌芽于吾国,然十分了解其意义及画法者,尚不多见,国人既欲发展工业,改良制造品,以与东西洋相抗衡,则图案之讲求,刻不容缓!上至美术工艺,下迨日用什物,如制一物,必先有一物之图案,工艺与图案实不须臾离。"因此,中国现代设计艺术在发端之时,首先是接受了日本的影响,引入了"图案""应用美术""工艺美术"的概念,现译为设计或工业设计的"Design"一词,在当时是用"图案"二字标示的。同时出现的有美术工艺、图案、意匠、实用美术、实用艺术等一批相近的异形同质概念。尽管人们试图从不同的角度对同一事物进行解说,但本质上或趋向上是一致的。由于国内一方面受薄弱的工业产业兴起的需要,另一方面也受西方新艺术运动和工业设计运动经由日本而产生的影响,所以"工艺美术"在我国理论界,最初是用来表示"工业设计"概念的,其中也可以看出认识上仍混杂着许多日本和本土传统的观念,尤其是我国将重工业(机械制造、汽车、造船等)与轻工业(陶瓷、家具、金工等)的分类管理,加剧了工艺美术概念的混乱。

　　20世纪80年代初期的中国设计艺术教育,依然承袭工艺美术教育的传统教学方式。初期的设计基础课程,以美术绘画为最主要的技能训练。注重通过临摹传统、写生自然等方式来进行造型方面的学习,虽然已开始引进"三大构成",实质仍然围绕着"画"设计做文章,关注的教学问题仍然是在形式表现上,在材料工艺方面的课程训练与社会存在距离。这段时间,一个新词"工艺美术学"在中国学术界开始使用。到90年代初,中国的高等美术教育和工艺美术研究机构原有的"工艺美术发展历史及其理论"专业被改为

"工艺美术学"。

中国政治、经济环境的进一步开放，更有利于我国向发达国家的设计靠拢，西学东渐的速度进一步加快，无论是设计观念、方法和理论，都不可避免地受到西方的影响。人们已逐步认识到手工生产已基本上退出了生活实用品的领域，大工业化的造物设计在社会产业方面已成为生活的主流。因此，从设计原理的角度，将工艺美术视为在手工造物情况下的一种设计形态来研究，是为了说明"工艺美术"与"设计艺术"两个概念没有明显的对立，但其主题和内涵已有不同。"工艺美术"是以行业的技艺传统、生产工艺、创作设计的继承与发展为主线。而"设计艺术"将是以现代工业的大生产为基础，以人的创造力的培养为主线。前者是以纵向的行业划分为基础，后者则以横向行为方式的区别为研究前提。为了区分、界定各自的范畴和特征，人们开始使用"工业美术设计""艺术设计"和"设计"等概念，并由此开始了传统工艺设计向现代工业设计转变的自然而然的探索过程。20世纪80年代后期，为了区别广义的"设计"概念中隐含的以"技术"为主的设计和"艺术"设计的不同，"艺术设计"这一概念逐渐被人们接受。直至1997年教育部《普通高等院校本科专业目录》的颁发，遂正式将"艺术设计"作为一个学科名词确定，1998年颁布的研究生专业目录将工艺美术学改为"设计艺术学"，并定为艺术学一级学科下属与美术学、音乐学、戏剧学等并列的一个二级学科，在下一级称"××设计艺术方向"。由此，设计艺术学正式作为一个二级学科在中国使用，而同为二级学科的"工业设计"专业则设在工科院校，属机械学科。在艺术院校则将之纳入设计艺术学的学科轨道，并得到很快的发展，对设计艺术学的研究及研究对象的探讨遂开始进行。从术科到学科，意味着增强学术含量，全面提升学术品质。近些年来，一批有学术影响的设计艺术历史及设计艺术理论方面的专著也相继问世，从而极大地推动了这一学科的建设和发展。

需要说明的是，"设计"的中文含义与英语的"Design"有相当的不同，外延的界定也十分复杂，在学界，往往是各取所需，并使用各自的术语在不同的场合加以言说。这样的结果造成这一学科规范性的研究尚有不同的解读。到2011年国务院学位委员会和教育部将"设计艺术学"改为"设计学"，才使这一学科正式成为"艺术学"门类下的一级学科，而且，因工学和艺术学科的不同侧重，可授工学和艺术学学位。这样，既强调了"设计学"交叉学科的性质，也道明了侧重于设计的综合性、创造性人才培养的目标。

二、设计学的研究现状

设计理论,顾名思义,是对设计之理(或曰道)的思考与论述。道,既是规律又是途径,涉及本质问题,是通向形而上的思辨之途——以"道"为题,必然进入哲学的发问与解答。故理论一词,往往追究本质,探讨设计的发生意义以及内容与形式的审美关系,探讨设计艺术自身构成的诸种要素及组合规律。

设计理论的知识系统包括基本理论、应用理论与交叉学科三大板块。基本理论研究是学科基点,以原理论为核心。所谓"原理论",即质性研究,规定设计的本质特征及其相关概念,回答"设计是什么"及"什么是设计"这两个最基本问题,由基本命题扩展出相关的概念群及系列范畴——直接以哲学化的思考确立某种设计艺术观。由原理论直接导向方法论研究,其任务之一是规定设计艺术理论体系的总体建构方式;二是探讨理论的思维法则、研究路向、系统结构法;三是研究设计理论方法自身的历史现象与规律。

毛泽东在《矛盾论》中曾指出"科学研究的区分,就是根据科学对象所具有的特殊的矛盾性。因此,对于某一现象的领域所特有的某一种矛盾的研究,就构成某一门科学的对象。"[①]设计学是人文科学的一个组成部分,是一门研究设计现象及其规律,研究设计历史的演变过程、研究设计理论及其批评的科学。换句话说,设计学要研究设计家、设计创作、设计鉴赏、设计活动等设计现象,同时也要研究设计的原理性理论和创造性理论。同时还要吸收历史研究的成果,如观念的沿革、设计风格的演进、创新与历史的对比等。此外,设计学还要研究本身的历史,即设计学史,就像哲学要研究哲学史一样。设计学即可以运用自己特有的方法进行研究,也可以借鉴哲学、美学、心理学、社会学、符号学的方法进行研究,因此对设计学的研究还可以同其他学科的研究结合起来,形成设计学研究的边缘地带或者形成新的交叉学科,例如设计哲学、设计社会学、设计符号学、设计美学、设计心理学、设计市场学、设计策划学、设计管理学等,使我们可以通过

图1-11

Tycoon平面设计工作室为Big-Magazine设计的东京特刊杂志封面　1998年

图1-12

招贴广告《耳机不会破坏你的发型》　美国Simom Bowden设计

---

①毛泽东.毛泽东选集:第一卷[M].北京:人民出版社,1966:284.

梳理设计学与其他学科的关系中发现其自身的属性和特点。由于设计与人和社会行为相适应的特点,其研究还可延伸至设计文化史和中外设计比较等方面。

21世纪以来,人们已经认识到设计的终极目的就是要创造合理的生活方式,体现人类生存和发展价值。同时,对建立设计学科的任务有了新的认识。设计的经济性质和意识形态性质,即设计的社会特征,使设计学研究给予其研究对象的经济特质、意识形态特质、技术特质和社会特质以应有的重视,在设计的诸多要素中,将技术因素、人文因素、美学因素以及市场等商业因素融为一体,大大拓展了设计的空间和深度。21世纪中国设计艺术的发展有三个主题:一是设计资源问题,二是设计生态问题,三是设计形态问题。设计如何进一步与新的社会问题相吻合,设计语言如何进一步更新,不能理解为简单层次上的与市场结合,更重要是应该对未来的社会文明有战略性的思考。由此可见,除了自系统的特质外,与其他学科的横向联系和交叉,使设计学研究呈现出一个边缘学科的特质和动态开放的学科概念。当然,作为开放的知识体系,设计学理论基础尚比较薄弱,自身可借鉴的成熟理论不多。因此对设计学的研究更应以"知识整体"的观点出发,不断从整个知识系统(包括人文科学和自然科学)中吸收新思想、新理论、新方法、新形式,使设计学逐步发展成熟起来,这也是近年来设计学研究的现状。

三、设计学的研究方法

所谓方法,就是人类在实践过程中,为了解决问题达到目的的手段和实现途径。英国哲学家培根在《论工具》一书中提出:科学就是知识和方法的结合。知识是永恒的真理,方法是解决问题的钥匙,是解决问题的捷径。

19世纪中叶产生的马克思主义哲学,为科学研究提供了科学的世界观和普遍的方法论。马克思和恩格斯十分重视方法论的研究,他们依据哲学成果和当时重大科学新成就,阐明了辩证唯物主义的自然观,第一次给自然科学方法论奠定了正确的理论基础。恩格斯在《自然辩证法》一书中,对归纳和演绎、分析和综合、具体和抽象、历史和逻辑的统一等方法都作了深刻地阐述,这对我们今天学习和研究科学方法论、对于应用科学方法进行有成效的研究工作,都指出了明确的方向。

因此,运用逻辑与历史的统一和辩证的研究方法,仍然是

图1-13
蘑菇台灯　意大利马西默·维格纳里设计

我们应掌握的基本方法。任何事物都有一个历史的演化过程,学术是历史的发展。通过对设计历史的学习、比较、分析、研究,可以进行正、反两方面的归纳和总结,培养其分析问题的能力,懂得学术的根源,经过逻辑推断,从而获得对设计基本理论的理解与把握,不断丰富我们的智慧。

从思维方式的角度而言,人们把握事物的方法至少可以分为三个层次:其一是哲学方法,即从总体去观察、认识并把握世界的基本方法;其二是一般科学方法,有人也称之为中间环节的方法,它基本上是从一个角度、一个方面去把握世界;其三是具体的科学方法,或称专门学科的特殊方法。据此,我们可以初步区别出从设计发展过程中提炼而来并为之服务的技法理论、归纳设计艺术基本特质的基础理论、具有更普遍意义的设计哲学等之不同。这些理论当然还可以划分得更为概括、更为精确。总之,它们虽然层次不同,功能不一,却是相互依赖、相互作用,也要相互制约,所构成的则是一个严谨的合规律的有序理论整体。

由于设计学研究范围具有广泛性,决定了设计学研究方法的多样性。研究中应坚持历史研究与理论研究相结合的原则,以综合方法为主,有利于与其他学科之间的交流并进,使这一学科在广泛吸取20世纪以来自然科学、社会科学和人文科学所取得的一系列成果成为可能,从而极大地促进其在研究方法上的不断变革。

在这里将设计理论、设计批评和设计史三个方面进行整体性的研究,实际上就是设计学的研究,以此探求学科的有机整体性。

1.设计学的整体研究

设计的基础学科或称主体学科,包括设计历史、设计原理、设计批评,它们体现了现代学科体系建构的历史、理论和应用的划分原则。一般而言,设计史、设计理论和设计批评这三门学科具有同一性。设计的理论研究,主要指对设计基本原理、范畴和批评标准问题的研究。其中,原理性理论包括概念、观念、本质、设计美学、设计思维学、设计风格学等共同规律,也包括设计批评的理论和设计史的理论在内;设计历史研究,主要研究设计的发生和发展、设计观念与风格的演进、创新与历史的对比、各民族设计的相互影响等;设计批评的研究包括设计的标准、设计批评的方式、设计批评的理论等。因此,在设计理论研究中,必然涉及设计历史的一些问题,也必然涉及对具体设计作品进行评价的问题。在设计批评和设计历史的研究中同样也会涉及很多设计理论方面问题。而对于具体的设计作品、设计师和设计流派的研究,则属于以设计理论为

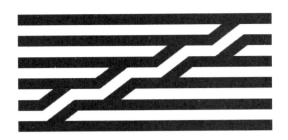

图1-14
法国巴黎国立艺术文化中心
CI设计

指导的设计批评和设计史领域。这三个方面的研究内容相互渗透、相互蕴涵、相互借鉴和相互合作是十分重要的。可以说,对设计整体的研究是一个有机统一的研究系统。

2.设计学的分类研究

事物愈发展,研究愈进步,其门类也就愈多,设计也是如此。由于设计学科的建设和发展取决于对设计现象的归纳和总结,因此,对设计的分类研究是加深学科认识的基础。比如研究设计史就可分为中国古代工艺美术史、中国现代设计艺术史;外国工艺美术史、世界现代设计史等;按专业分类进行研究,如工业设计史、环境设计史、视觉传达设计史、服装设计史、家具设计史、建筑设计史等。甚至还可细分：如服装史可分为中国古代服装史、欧洲服装史、世界时装史甚至首饰史等；工业设计可细分为：交通工具史、电器设计史、器具设计史、玩具设计史等；视觉传达史又可分为：印刷史、书籍装帧史、广告史、平面设计史等；环境艺术史又可分为：园林与景观设计史、室内设计史、公共艺术史等。从设计思潮演进的历史类型进行研究，如工艺美术运动、新艺术运动、装饰主义运动、现代主义、后现代主义、新现代主义等；中国古代建筑也可分为民间建筑、宫廷建筑、宗教建筑和文人士大夫建筑等。除设计史的历史类型研究外，也可细化为断代史研究和专题性研究。如：中国的唐代印染工艺研究、宋瓷研究、明式家具研究；西方的包豪斯教育思想、英国波普设计运动、西班牙拉·莫维达运动、减少主义风格等专题性研究等。在各个分类研究的基础上，进行综合的分析与研究，一方面可以认识设计的共性、共同规律和共同特点，另一方面，也有助于对各设计类型本身特点认识的进一步深化。

设计与艺术门类之间的比较研究，以及互为关系和影响也很重要，通过比较研究，可以更多地揭示出设计作为艺术存在的特殊含义和价值。比如中国和西方之间的比较，中国各代之间的比较，各种流派与风格的比较等，从中探讨其特性与共性。

运用国际上新兴的学术研究方法"邻近学科类比法"来展开"横断性"的研究，同样具有更广泛和全面的意义，具有较强的综合性与整体性，这也是适合设计学科综合性特点与当今时代发展要求的。

图1-15
丹麦设计师汉斯·韦格纳设计的中国椅

以上研究近年来虽取得了积极的成果,但这种研究还不够全面,不够深入,尚有许多专类和专题的研究需要有深度的探讨和填补空白。设计在其发展过程中不断发生变化,易变性是它的一个时代特点,今日的研究不该局囿于旧有的范围,需要更多的研究者去开拓新的疆域,如不明确研究的目标和方向,盲目出击、八方作战,则不易奏效。

3.理论与设计实践相结合

从生活的实践中观察、发现问题,进而分析、归纳、判断问题的本质,以提出系统解决问题的概念、方案、方法及组织、管理机制的方法是设计学的任务。因此,设计学是研究设计实践、设计现象和设计规律的专门学问。恩格斯说:"一个民族要想站在科学的最高峰,就一刻也不能没有理论思维"。理论和历史研究的重要性主要体现在对实践的指导性,即"实践给理论提出问题,而理论必须解答这些问题"并"指出实践活动的前途"。有关产品的所有思考与设计实践和设计理论都有明显而直接的联系,因为,设计实践必须上升到方法论的高度,设计理论研究也必须以更翔实的现实作依据。从某种意义上讲,设计的理论与实践也是一种知行关系。王夫之云:"知行终始不相离",看中国设计的知行关系,正应合了中国传统哲学的"行先知后",却又知行并进的辩证统一。但长期以来,我国设计界重设计实践轻设计理论和重技艺轻研究的状况较为严重,因此造成了设计实践与理论的失衡。美国西北大学整合营销传播中心唐·舒尔茨博士在《中国广告的阴阳之道》一文中说

图1-16
F&H Campana 鲨鱼椅 2000年

道:"忽视对理论的和实践的研究,就是忽视能给未来带来发展的巨大优势"。

宗白华先生在他的《中国美学史中重要问题的初步探索》一文中指出:"实践先于理论,工匠艺术家更要走在哲学家前面。先在艺术实践上表现出一个新的境界,才有概括这种新境界的理论。"一方面"实践出理论"说明实践是理论的基础和原料,而对设计实践的提升,必须要对纷繁复杂的设计现象进行提炼和概括,产生应用型理论;另一方面,理论又须对设计学科进行综合性研究,探讨其共性,由个别上升到一般,产生原理性理论,反过来指导设计实践,如此循环往复不断深化。正如德国哲学家康德所言:"概念无直观则空,直观无概念则盲。"就是说如果理论没有具体的事实来说明就会空洞无依凭,具体现象没有抽象的理论总结就难以达到问题的本质理解。就设计而言,如何能摆脱感性和经验性的束缚,而取得设计艺术规律性的认识? 康德在《纯粹理性批判》中首先明确指出感性、知性、理性三分法的概念。后来黑格尔沿用了这三个概念,认为感性是属于个别的感知,知性是普遍性的抽象,只有理性认识才是在矛盾统一中把握矛盾,是多样统一。直言之,感性认识阶段,认识限于感觉、知觉、表象这三个环节,相当于经验的方法;知性认识阶段,认识限于对事物各个方面的局部的抽象,是理论思维的初级阶段,相当于单纯的分析或分解的方法;理性认识阶段,揭示事物内部联系和运动的性质,是一种有机整体的思维方法,这是分析与综合相结合的思维方法,是理论思维的最高阶段。设计学就其所从属的思维方法而言,也可以分为感性的经验方法、知性的分解方法和理性的辩证方法三个层次。因此,要取得设计规律性的认识主要是利用分析和综合的方法,将事物从感性经验层次上升到理性的概念、判断,再从概念抽象上升到思维的具体,形成科学的理论体系。分析方法的运用,是把浑然的整体分解为不同的组成要素,从而区别出它们的不同质的规定性,进一步找出要素间各种内在的联系,然后通过综合揭示出系统整体的作用机制和活动规律。

就设计学科的建设而言,应该从哪些方面进行研究? 它的框架应该如何搭建,其自身就存在合理性和科学性的问题,需要深入地探讨,逐步地完善。随着设计学的深入研究和逐渐拓展,以及若干分支学科的建立,必将为学科的整体建设奠定基础,而设计学的建立,又给设计实践本身以富有成效地科学指导,促进其健康有序地向前发展。

第二章 设计的历史及发展

第一节 设计史的研究方法

　　设计史与艺术史的研究方法皆属历史学的范畴,二者相互依存,密切相关。研究现代设计史应综合借鉴艺术史以及其他历史学科的观念与方法,合理编排、梳理和解读相关的史料,以期达到刻画和揭示设计发展之真实历程的目的。在设计作为职业形成之前,人类在数千年的器物制作过程中,设计的观念已经形成并得以发展。在世界各国的设计教育中,都赋予了设计艺术观念发展史以重要的意义。

　　中国的工艺美术有着悠久的历史,其丰厚博大的历史内涵在世界上可以说是独一无二的。其研究之意义,主要有三个方面:一是对以往工艺的描述和分类;二是说明工艺的发展与社会发展的关系;三是通过工艺发展的因果关系阐明存在于历史发展过程中的规律。古代对工艺历史的记录和评说,最早见于先秦时期的《考工记》,这是一部中国古代工艺设计的经典著作。至于中国古代的工艺设计思想,在先秦诸子百家的学说中,在北宋沈括的《梦溪笔谈》、元代王祯的《农器图谱》、明代文震亨的《长物志》、黄成的《髹饰录》、宋应星的《天工开物》、计成的《园冶》、清代李渔的《闲情偶寄》、朱琰的《陶说》等著作中,都有许多精辟的论述。20世纪初期,许衍灼写出了中国近代第一本工艺史专著《中国工艺沿革史》,涉及工艺的内容很广泛。其后徐蔚南于1940年出版的《中国美术工艺》,其概念和所指范畴与当代所使用的基本类似。但真正开展对工艺美术历史的整体研究和描述是从20世纪50年代开始的。先后有文化部组织的艺术院校有关教师编写的《中国工艺美术史》《中国工艺美术通史》教材。由于各种原因,虽未能出版,但却为新中国的工艺美术史研究打下了基础。直到1983年由原中央工艺美术学院编写的《中国工艺美术简史》正式出版。1985年出版了田自秉先生撰著的《中国工艺美术史》,龙宗鑫先生撰著的《中国工艺美

图2-1
商中期兽面纹独柱爵

术简史》,1994年王家树先生撰著的《中国工艺美术史》也由文化艺术出版社出版。这些著作是研究中国工艺美术史的专家学者辛勤耕耘的结果,是中国工艺美术学研究的重要基础。这些著作的叙述结构都来自于中国通史,即按照通行的中国历史分期来作为工艺美术历史的分期。以朝代变更作为历史事件的标志和界限,这样为叙述历史提供了现成的结构和框架。近年来,也有学者采用新的史学方法对工艺美术史进行新的分期研究,如王家树先生在对中国工艺美术通史的研究方面,首先突破了以历史朝代分期的模式,按照工艺美术的性质和发展趋向进行了分期,不但突出了工艺美术的文化内涵,遵从了设计艺术的规律,也符合美学的审美的特征。按工艺美术自身本质特征所表现出来的四个发展阶段分为:

童年时期——以彩陶为代表所体现的"天之道";

古典时期——以商周青铜礼器为代表所体现的"生命之道";

人文前期——战国秦汉工艺设计"重返生活"的"人之道";

人文后期——隋唐以后工艺领域中"花"成为"天(命)人合一"的载体。

综上所述,工艺美术的历史研究应包括两个层次:一是纵向研究,或者说是系列性和顺序性研究,也就是历时性研究,主要是侧重于时间上的延续性,具有编年史的特点,研究重点在于把握工艺美术本身数千年历史发展的具体线索,掌握工艺美术历史发展的

图2-2
《天工开物》所绘 风扇车扬谷图

图2-3
《天工开物》所绘 农用排涝灌溉工具图

交替更迭、工艺美术现象及其有关变迁发展的事实等；二是横向研究，研究同一时期共存的工艺美术、工艺美术现象及其有关事件，也就是共时性研究。共时性研究侧重于典型性或时代性，涉及同一时期中的工艺美术与当时的社会、经济、政治和宗教等因素的相互关系及其相互影响。基于以上认识，我们可以理解工艺美术史学的根本任务，在于科学的概括和说明中国工艺美术的历史发展。它应以实事求是为原则，详细占有历史资料，并具体而深刻地分析中揭示工艺美术发展的历史规律，总结历史的经验教训，"古为今用"，为现代设计艺术的发展提供有益的借鉴。正如陈平原在《"学术史丛书"总序》所提出的："所谓学术史研究，说简单点，不外'辨章学术，考镜源流'。通过评判高下、辨别良莠、叙述师承、剖析潮流，让后学了解一代学术发展的脉络与走向，鼓励和引导其尽快进入某一学术传统，免去许多暗中摸索的工夫——此乃学术史的基本功用。"这些话对当代工艺美术史研究来说同样有效，而其功用更为直接。

需要说明的是工艺美术历史发展和一般兴衰可能与朝代更迭有关，但也存在自身的内在的规律和逻辑，而更多的可能是受自身发展的制约。从中国工艺美术史，包括外国工艺美术史的研究而言，涉及面甚广，在研究方法上，应充分地使用文献资料和考古发现的实物资料加以分析，并参照历史的和大文化的背景，对其发展演变及规律进行解说。也可以在此基础上，史中有论，史论结合来探讨研究中外工艺美术史。比如从不同的角度来研究中国工艺美术史，可以从装饰艺术史研究的分类方法来研究工艺美术史，其研究的关注点集中在艺术造物的工艺造型与装饰领域，主体大多为贵族工艺或陈设欣赏品，就工艺水平而言，最有代表性；然而从设计的角度来研究工艺美术史，则更侧重于实用器具如何设计以及为何这样设计，方法和启迪是什么。这样的研究涉及的范围更为广泛。在中国社会历史发展过程中，无论是城市的、农村的，宫廷的或民间的，都有许多在当时社会条件下可堪称为优秀的器具设计，如交通工具、劳动工具和生活日用具等。它们作为具有功能的器具，一定有其生活概念、使用方式、工作原理、造型形态、材料结构、空间环境等方面的内容，有着现代人可以学习和吸取的设计理念与智慧。诸葛铠先生在《对中国造物思想的探索与总结》一文中曾提出：从造物思想、风格、比较研究等方面分别进行研究，写成几部相关又不相同的史，形成中国工艺美术史学科的多层建构，这对于学科发展的重大意义是不言而喻的。

　　总之，就工艺美术史研究而言，其史学实践还处于奠基阶段，运用新的史学理论和史学方法进行新的研究应当是今后工艺美术史学的一个重要课题。

　　现代设计自从19世纪开始发展以来，已经有一百多年的历史了。在这短短的一百多年中，现代设计给数千年的传统设计面貌带来了全面而深刻的变革。无论是建筑、室内与环境、平面、工业产品，还是工艺品、纺织服装以至城市规划，都发生了形式与内容方面的巨大变化。因此，理解设计的第一个语境就是历史语境。这样，通过从历史的角度还原设计史的可信性，从而达到充分理解设计的目的。早在20世纪30年代，设计史活动的区域是装饰艺术史，属于建筑史的分支，内容涵盖了室内设计史、空间设计史、园林设计史和展示史等。同时也包括家具、玻璃器皿、陶器、金银器等以及其他东西的创造史。虽然装饰艺术与艺术史联系相当紧密，但设计行为在装饰艺术历史中是被忽视了的一条线索。到了五六十年代设计悄然进入成熟期，它以和三四十年代截然不同的方式出现在大众的意识里。战后的消费革命、设计的制度化、设计教育的扩展，还有青年文化和波普文化的爆发，所有这一切都不同程度地显现了设计的社会作用。设计强调了事物风格化，外表也赋予了事物新的价值。1960年，雷纳·班汉姆的《第一机械时代的理论与设计》（*Theory and Design in the first Machine Age*）一书的出版，标志着对现代主义设计及其起源的集约化研究的开始。这一时期，尼古拉斯·佩夫斯纳的《现代设计的先驱者》一书的研究模式也被学界采纳。研究的范围扩至19世纪晚期和20世纪初期的设计。由于英国职业设计教育开始形成规范，设计和设计师的社会地位提高，设计师也成为设计史所研究的重要对象。设计史虽然开始受到重视，但尚囿于当时的视野，仍旧将重心放在建筑、美术以及"优秀设计"的观念上。到了20世纪60年代末70年代初，在设计教育领域发展出一种不以美术史和建筑史为主要基石的设计史，在很大程度上反映出当时职业设计对于设计问题的自我认知。当现代主义开始丧失吸引力，设计组织、技术以及设计与社会、经济的关系，设计与商业、市场以及流行品味的关系驱使设计实践者和早期的设计史学家去重新审视现代主义以来设计实践和设计的历史的原则。它包括：

　　（1）设计史的研究内容是职业设计活动的历史；

　　（2）设计史学家关心的第一个层次并不是设计活动本身，而是设计活动的结果：被设计客体和影像；

（3）设计史强调设计者个体。不管是明示还是默认，在今天绝大多数被叙述和教授的设计史中，个体者都占据着中心地位。

克莱夫·迪尔诺特认为，现代设计史的研究方法应包括以下四种研究方法：

（1）对19、20世纪设计、装饰和短期印刷品主题的装饰性设计和其他次要设计的传统历史的延续性研究；

（2）以现代主义为研究重点；

（3）以设计组织问题为研究重点；

（4）以各类设计的社会关系为研究重点。

综上所述，现代设计艺术史研究应系统地分析在各个时段历史时期中设计的独特表现形式，廓清影响设计风格的各种因素及其联系，以揭示设计风格发展演变的趋势或倾向。并通过对设计史料、影响设计发展的诸多因素的梳理、分析与判定，来刻画和说明设计发展沿革的过程。20世纪90年代，随着王受之先生撰写的《世界现代设计史》《世界现代建筑史》《世界现代平面设计史》《世界时装史》等著作在国内的出版，国内设计界对西方现代设计发展的历史及其相关理论问题的关注，开始成为学界十分重视的研究领域。

设计问题的探讨越来越多地涉及对设计史的认识。克莱夫·迪尔诺特在《设计史的状况》一文中认为：我们需要在更广泛的学术语境下考虑设计史问题：比如设计史与其他研究和探索领域的关系是什么？设计史与艺术史的关系是什么？它和一般历史、技术、经济以及商业这些对设计史有影响的学科专门史的关系又是什么？在现代主义失去中心地位之后的设计是否缺乏明确的哲学和方法论基础？回答这些问题的方法之一就是对现代设计史的研究工作做综合性的考察。[①]

从西方设计艺术发展的历史表明，设计艺术具有各种类型和各种模式，不同时间段内与设计史发展相关的内外因素的变化，都能对设计风格的变迁产生直接或间接的影响，很难以用单一的定义来规范它。因此，有学者认为，对各种或诸因素起作用的方式和后果所做的评判或估计不可能具有普遍的确定性。鉴于此，不倾向于采用设计发展的"规律"这类来表述，取而代之的是设计的"模式"，或发展的"趋势"等概念，相比"规律"概念而言，在历史研究中具有适用性和说服力。2004年王受之先生在汕头大学长江艺术与

---

① 克莱夫·迪尔诺特.设计史的状况[J].何工,译.艺术当代,2005(5).

设计学院开设的现代设计史课程就以专题讲授的形式,系统分析了西方各个不同时期涌现的各种设计思潮的历史背景及风格特征,如:"世纪之交的震荡(工艺美术运动和新艺术运动)""现代主义的萌动""包豪斯革命""国际主义风格的兴起""乌尔姆的革命和欧洲设计格局的形成"等。

美国学者鲁宾逊在《新史学》[①]中认为,"一切科学都是永远相互依赖的。每一门科学的生命都是从其他科学中吸取来的;而且它所取得进步的绝大可能性也都是有意或无意地靠其他科学的帮助。"书中主张对历史进行多层次、多方面的综合考察和整体研究,从而形成了各个层面的历史分支研究等,成为新史学关于研究方法基本原则的一个真实写照。法国史学家勒高夫在《新史学》[②]中指出了其发展的三个方面,第一是新考证研究;第二是向总体史和想象史迈进;第三是"对概念和理论的关心"。新的史学理论与方法扩大了人们的史学视野,是在一个新层面上发展的标志,这对于研究设计的历史同样提供了方法论的指导。

概言之,一个时代的设计风格的形成与整个社会的历史文化背景、社会经济结构、政治环境、工业化发展水平、国际交流等密切相关,而本国的文化传统又强烈地影响着民族的审美趣味、意识形态趋向以及思维观念的定式等,从而决定着设计特征的形成。因此,努力吸收当代社会科学与自然科学的研究成果是必不可少的。

第二节　中国设计观念的历史发展

一、手工艺时期的设计

人类最早制造使用的石器工具是朝着一定目标或价值的造型活动。从遗存的大量石器的造型来看,原始先民已经有意识地、有计划地寻找、塑造一定的形体使之适应某种生产和生活的实际需要。这些形体作为意识的物化形态,已体现出在功能与形式方面的有机统一。形式感中的对称、曲直、比例、尺度等因素的生成尽管尚处在萌芽、幼稚阶段,但已意味着人类在各种工具的自觉或非自觉的造型制作和意识中,孕育了人类的艺术造型观念和方法。它是一切工艺造物和其他艺术造型的基础。尤其是新石器时代磨

---

①鲁宾逊.新史学[M].齐思和,译.北京:商务印书馆,1989:3.

②勒高夫.新史学[M].姚蒙,译.上海:上海译文出版社,1989:37.

制石工具的造型设计由简单到复杂、由粗陋到精致,由一器多用到每器专用,体现了相当成熟的技术进步和形式美。这一演变过程,同样也体现了人类开始有意识有目的的从事设计活动的发展历程。从这个意义上讲,最初的工具制造不仅对于人类形成发展具有重要意义,而且成为文化艺术发生的标志。

大约从五万年开始,我国原始社会逐渐进入母系氏族公社时期。在北京周口店山顶洞曾出土一枚骨针,针身圆滑,针尖锐利。骨针制造技术比制作其他骨制品要复杂一些,首先必须要选用合适的骨料,经切割、刮削、挖穿针眼再加磨制而成。作为原始缝纫工具的骨针,它的存在意义实际上已超出了它作为工具存在的本身价值,作为人类服饰文化的杰出标志和信物,表明了人类的造物生产已开始向审美方向发展。它是人类走向装饰自己、美化自己之路的一个里程碑。进而可以发现纯装饰性造物品类——山顶洞人串饰。

串饰可以说是人类最早的用于自身装饰的“项链”和“首饰”。它是用白色石灰岩石珠、砾石、兽牙、蛤壳、骨管、鱼骨等,经过精心的修磨、钻孔、串缀而成。石珠、鱼骨的表面,还有意识地用赤铁矿粉屑染成红色。在旧石器晚期的文化遗存中常可发现一些用于装饰的制品,如石制的串珠、耳饰,牙制的项圈以及贝制的臂钏等。这表明旧石器晚期人类制作技术已经发展到能生产较为精致的骨器,并使用钻孔、磨光、染色等工艺加工装饰品。作为人类最初的纯粹性装饰创造物,其中包含诸多深刻的审美法则——如对称、节奏、渐变、丰富等,反映了人类装饰心态和装饰现象的存在本身所具备的重要意义。

原始社会制陶工艺是新石器时代物质文化的主要特征之一。陶器出现之前人类只能在不改变自然材料性质的条件下,从事工艺设计和加工。当人类在征服自然的过程中掌握了火的使用之后,将自然界的泥土、泥巴按人的需求,塑型并烧造成人工之物——陶器,由此产生了质的飞跃。由于土质和烧窑技术不同,出现了红陶、灰陶、黑陶、白陶和彩陶。其中尤以彩陶工艺成为最优秀的代表品种,举世闻名。彩陶不仅造型实用美观,而且彩绘纹饰生动、流畅,具有强烈的装饰意味。在原始陶器上进行彩绘,是原始时代装饰设计的伟大创造。同时,陶器也被用作视觉传达的载体,陶器纹饰也成为某些氏族部落视觉识别的符号标志。

从彩陶的工艺设计观念来看,可总结为三点:一是更加适应生活实用的要求,与特定的社会生产、社会生活不可分割;如半坡型

图2-4
作为取水器的小口鼓腹尖底瓶 马家窑文化马家窑类型

图2-5
舞蹈纹彩陶盆 马家窑文化马家窑类型

陶器中,有一种小口尖底形的取水器,造型别致、结构精巧,上重下轻,在接触水面时便于取水。设计独具匠心,充分利用了力学原理来开拓器物的功能,使之适应生活之需要;二是适用性与审美性的辩证统一;如三足器从适用的角度讲,形体稳定,便于放置,加热时可扩大受热面积,缩短烧煮时间。同时设计又追求结构、造型与审美意识的高度统一。三是装饰的从属性和相对的独立性;陶器上的装饰图案不仅出现了各种自然物的抽象化形态,而且还出现了反映人们生活画面的人物形象,使装饰由此各自取得了独立的性格和不同的发展道路。比如半坡型的红陶黑彩,装饰采用了比较写实的动物纹、人面纹和三角曲折几何纹为主。其中尤以鱼纹最普遍,写实的鱼形通过鱼体的分割与重新组合,成为抽象的几何化、符号化的纹样,其构图以刚直的线和面为主,风格古朴,很有代表性。李泽厚先生在《美的历程》一书中认为这种由写实到符号化,是一个由内容到形式的积淀过程,也正是美作为"有意味的形式"的原始形成过程。

殷商时期的青铜器是奴隶制时代最具有代表性的工艺美术作品。因为青铜器最能反映出奴隶制时代工艺美术被赋予的复杂而独特的功能内容,以及为承载这些功能内容而创造出来的表现形式和设计语言。其特点是:体积庞大、造型庄重、制器尚象和装饰怪异。到商代后期,手工业品类增多,工艺技术已趋于专门化,有铸铜、制陶、制玉、兵器制造、玉石工艺、织造、皮革、竹木、舟车、建筑等专业。

西周以后,青铜器开始突破以宗教祭祀功能为主的祭器系统,逐渐开始渗透到当时社会生活各个方面的具有礼治功能的礼器系统。到了春秋时期,处于礼治功能需要的列鼎设计,已成为一种普遍采用的生活化的设计形式。而青铜器上的族徽金文,被认为是早期传统视觉传达设计和应用的典范。

先秦时期,由于手工业技术而形成的分工更细,从而大大提高了手工业产品的数量和质量,形成所谓的"百工",出现了我国最早的对工艺设计进行总结的《考工记》,书中阐述了一些重要的设计思想和设计观念。比如顺应自然、天工与人工融为一体的设计观念;以人为中心,以实用为本的设计思想;为社会功能服务的设计理念。在手工业产品设计方面,青铜器的设计思想的核心是当时生活所要求于工艺的实用和轻巧,使实用功能与审美功能达到了真正的融合。灯具的设计制作取得了十分辉煌的成就,尤其是青铜用具的设计,到了秦汉时期不仅功能结构的科学、合理,造型设计各部位的尺度和尺度间的比例关系,都是适合日常生活需要的最佳设计,其装饰也多姿多彩,反映了当时冶炼、铸造等加工技术的进步。王家树先生认为:"中国古典青铜器的艺术魅力不仅来自于它的造型,来自于它的装饰,更来自于它深层的文化内涵——时代的生命观"。[①]

战国、秦、汉时期的漆器,是髹器的繁盛时期,作品之多,用途之广,技艺成就之高都是惊人的。它不但注重实用功能,而且在造型和装饰上,注重艺术表现和艺术审美。尤其是生动的漆画艺术,为绘画史上著名的"六法"论中的"气韵生动"奠定了历史的实践基础。在商周"原始瓷器"的基础上,到东汉晚期正式出现了瓷器。也就是说,在距今1 800余年前完成了由陶到瓷的演进,这是对人类物质文明的伟大贡献。织物和服装在这一时期也达到了一个高峰期,中国的丝织、刺绣、印染工艺生产遍及全国,织物的种类获得了较大发展。深衣和胡服,成为最具代表性的服装设计。家具设计,由于受席地而坐的生活起居方式的制约和影响,造型低矮;装

---

①李砚祖.中国工艺美术学研究[M].北京:中国摄影出版社,2002:36.

图2-6
汉代错银铜牛灯　具有自动吸入燃烧后的烟尘和调节光的照射强度以及照射方向的功能,并且灯体各部分均可拆卸清洗

饰上,与当时漆器的装饰方法完全相同。这一时期对交通工具的设计,无论是官造的车,还是民间造的车,对制作器具功能的研究都取得了突出的成就。中国古代的包装设计,在战国至汉代逐渐兴起和流行,尤以汉代丰富多彩的漆器包装代表了这一时期包装的最高水平。汉字用于平面设计,在视觉传达中发挥了越来越大的作用。

隋唐时期的许多工艺设计最显著的特点是中西方工艺设计的交流与融合。唐代的金银器,不但具备了生活器皿的优良实用功能,还体现了先进的工艺技术。中国传统的织物设计,也在唐宋时期走向成熟。唐代的织物设计风格花团锦簇、华丽多彩。宋代的织物设计风格规整秩序、清淡典雅。在两宋时期,传统的工艺产品开始全面走向市场,工艺设计的商品化,对设计的发展起到了积极的推动作用,产生了许多名牌、名家和名产地,提高了产品的质量和竞争意识,使设计的功能更加注重实用性和生活性,产品的造型更适合民众的审美风尚。最有代表性的是宋瓷的生产,由于设计功能的实用、合理,造型的线型简洁、流畅、细腻所体现出优雅秀美、清盈洒脱的设计风格,越来越多地渗透到人们日常生活的各个领域,其设计和生产进入了一个黄金时代。这一时期工艺设计有两个最大的变化,其一是宋代家具设计的梁柱式框架结构和根据人的尺度造型高型化已经完全定型,使"垂足而坐"的起居方式代替了"席地而坐"的生活起居方式，从而改变了家具设计的观念，家具也由此从一般的生活器物中独立出来，成为一个单独的、与建筑和室内设计有紧密联系的设计品类，在家具设计史上具有重要意义。其二是宋代印刷术的迅猛发展，改变了传统书籍装帧设计的装订形式，变卷轴装为册页装订，使书籍的版式、插图与印刷字体设计发生了重大的变化。同时，印刷式的商标和招贴也在宋代开始流行。

明代是中国历代工艺设计的集大成时期。明代的瓷器在造型上出现了成套组合的系列化设计，最富有创新的就是在装饰上解决了釉上彩绘的技术难题。此时，吉祥图案的设计、招贴与包装设计、室内与园林景观设计等都取得了很高的设计成就。尤其是体现了天工与人工完美融合的明式家具设计脱颖而出，成为中国古代家具设计的经典之作。可以说，从15至16世纪，中国传统的工艺设计的发展达到了巅峰，而且整体上都处于世界的领先地位。清代前期虽然取得了某些成就，装饰技艺达到了极致，但总体上讲，都无法改变工艺日趋式微的颓势。

综上所述，实用与审美结合的设计观念始终贯穿于整个手工艺时代的造物发展过程中，从人类最早的石器工具的打磨开始到装饰物类——串饰，进而彩陶、青铜器、玉器、漆器、家具、瓷器、各类织物绣缋等，虽然随着时代的进步，不断有新生的品类，但作为自古延续至今的实用艺术之源流，体现了实用工艺设计的基本进化图式，是新生活方式产生的基础。绘画、雕塑、书法等纯艺术也是从这一源流中独立出来的。工艺美术的发生学既揭示了工艺美术的起源，同时也揭示了艺术的起源。在分类上，传统工艺美术可分为：民间工艺、宫廷工艺、宗教工艺和文人士大夫工艺四种类型。在历史发展进程中，相互影响，由于服务对象的不同，也都形成了各自的特征。如明式家具与清式家具在设计风格和审美特色上的迥异，就是由于不同的文化影响所致。明式家具产生于明代苏州能书善画的文人墨客的私家园林里，使明式家具散发出浓厚的文人趣味和书卷气息，更多地注入了江南文人士大夫文化的内涵。而清式家具，产生于清代的宫廷建筑。为了满足皇室及达官显贵的需要，宫中的每件家具，从式样、尺寸，到如何修复等都做了明确的规定，成为宫廷文化的产物，我们能够从这些物品中看到惊人的技艺。另外，工艺设计的发展必须要采用最新的生产方式和科技成果，如青铜器的出现，是由于人们科学地掌握了合金成分的配比，以及铸造法与失蜡法的工艺。制瓷的技术是面对原料自觉地把握经验。中国人和别的民族一样,生产了用一般的粘土为胎,烧制温度不超过1 000 ℃,器表不施釉或只有低温釉的陶器。到了商代发明了釉料,有了表面施釉的釉陶这项技术,瓷器的出现就成为必然。唐代的金银器如此精美,不使用车床是不可能制作出来的。造纸和印刷工艺技术的发明,推动了中国古代的平面设计的发展。由于各个时代的工艺技术不断的创新,使工艺美术各品类的设计日臻丰富和完美。

概言之,人类造物正是伴随着人类心智的物化而综观于人类整个的造物过程中。著名人类文化学家莱斯利·怀特认为:"一种文化是由技术、社会的和观念的三个子系统构成的,技术系统是决定其余两者的基础,技术发展则是文化进步的内在动因"[1]。因此,人类造物合目的性所体现的技术、结构的功能性,装饰工艺所传达的社会因素、心理因素、审美因素等实用和审美的统一,成为人类造物文化主要的存在方式和终极目标。

二、中国工艺设计思想

英国历史学家R.C柯林伍德认为:"历史的过程不是纯粹事件的过程而是行动的过程,它有一个由思想的过程所构成的内在方面,而历史学家要寻求的正是这些思想过程,一切历史都是思想史。"[2]

人类自从有了造物和为造物而进行的设计,便同时产生了对设计、造物的认识和思考。无论中外,工艺设计思想都有着十分丰富的历史内涵,它反映了当时社会工艺设计实践的发展与变化。值得注意的是,中国古代虽然没有"工艺美术""设计"等专用名词,但实践中却进行着同样重要的归纳与总结。在古汉语中的"工""百工""工巧""艺""纹""样""造物""制器""尚象""巧思""意匠"等概念,都与西方的同类概念相似,甚至产生得更早。而与这些名词概念相联系的中国古代工艺设计思想对人类文化建设仍具有深远意义。

中国古代从先秦诸子到明清文人士子,曾留下了很多专著和笔记史料,为我们提供了各个时代工艺设计的思想及理论认识。这些工艺设计思想作为整个社会思潮的一部分,它折射出整个社会思想意识和哲学思想,带有强烈的政治和社会伦理的色彩,积淀着那个时代特定的价值观和造物的理性思考,对当代的设计艺术

---

①莱斯利·怀特.文化的科学——人类与文明研究[M].黄克克,译.济南:山东人民出版社,1988.

②柯林伍德. 历史的观念[M].何兆武,译.北京:中国社会科学出版社,1986.

而言仍有其可资借鉴的价值和启示。

（一）"技艺相通"

在中国夏、商、周时期，技术与艺术之间没有明显的界限，"器"的概念是物质生产的产品，器的制造包含了生产技艺与艺术创造。"技艺相通"的观点，最早见于庄子《天地篇》中的记载："能有所艺者，技也"。古代把"大工"称为"木工"，"工"字在这里与"匠"字的意思相同，意味着"巧妙""工艺""意图"等。综括这些意义，又可以说成是"工匠""工作""巧工""巧匠""匠人"等。在《魏书》中，也有"百工技艺"的记载。所以，技艺一词，不仅指工匠的技能，也指艺术活动的技巧。古代的技术通常主要表现为手工的技术及个人的技术，是人的手艺、技巧、技艺和技能的总称。技术的"术"字也意味着"技能""手艺"。但是，通过"术语"等词来表达，则具备了专门的制作方法的意义。韩愈在《师说》里讲到"术业有专攻"，就是将技术作为某种专门工作来理解。也可以说是"道"，这当然是应该掌握的"方法"和"手段"。

我国最早的一部有关工艺设计的经典著作《周礼·考工记》说："国有六职，百工居其一焉。审曲面执（势），以饬（整治）五材，以辨（通办）民器，谓之百工。"按其分工，有木、金、皮革、画、雕、陶工六种。在古代掌管营造、车服、器械的官职最早称作"百工"。工艺是技能，工艺是"技"之工艺。没有好的技艺，就不可能有优秀的器物。所谓百工之艺，反映了百工制作器具，首先要进行"工艺设计"。既体现了艺术性与技术性的统一，也体现了物质性与精神性的统一，反映了古代对造物设计的本质认识。

（二）"材美工巧"

《说文》云："工，巧也，匠也，善其事也。凡执艺事成器物以利用，皆谓之工。"又云："工，巧饰也。"

"巧"即"巧妙"，起源于"安排、计划"，意思为灵巧的手。在器械造物方面，中国古代造物讲究工巧，所谓工巧，实际上包含了意匠之巧和技艺之巧，而意匠之巧更为重要，并成为中国人典型的造物思想观。战国时《荀子·荣辱》中就有"农以力尽田，贾以察尽财，百工以巧尽械器"的名言。

《考工记》详细地记载了我国先秦时期许多重大科技成就和一些具体的工艺制造技术。其中对木工、金工、皮革工、染色工、玉工、陶工六大类30个工种的实用工艺技术的记述，显示了这一时期手工业内部的细密化及其技术的规范化与科学化程度已达到相当高的水平。《考工记》不仅记录了先秦时期官府手工业的设计成就、制造工艺和制作规范,更重要的是阐述了一些重要的设计思想和设计观念。其卓越贡献在于它提出了一个极为深刻的造物原则或审美价值标准,即:"天有时,地有气,材有美,工有巧,合此四者,然后可以为良。材美工巧,然而不良,则不时,不得地气也。"这是中国形而上的文化精神之"道"对形而下之"器"的规约,亦是中国传统造物思想之精华的扼要表述。由此可知,早在两千多年前的中国工匠就已意识到,任何工艺设计的生产都不是孤立的人的行为,而是在自然界这个大系统中各方面条件综合作用的结果。"天时"乃季节气候条件,"地气"则指地理条件,"材有美"为工艺材料的性能条件,而"工有巧",则指制作工艺条件。一件优秀的工艺品,必须考虑季节、气候的因素以及物理性的影响,包括对材料的选择和人的做工技巧,四者有机结合,相得益彰,才能生产出合乎要求的、精良的器物。这是立足于阴阳五行观的文化背景下所提出的设计思想,反映了古代人系统的设计观念。天、地、材都是自然因素,也是造物的基本条件,而工巧则指人的主观因素,包括劳作、创造、技艺等。

"材美"与"工巧"的原则,是在强调人顺应于自然的前提下,进一步提出改造自然的原则。所谓"材美",是肯定人对材料、质地品性的选择性,要求人们根据自身的需要和旨趣去主动地辨认材料对象的美质。如果说"材美"的原则还包含着一定的适应于自然要求的话,那么,"工巧"则包含着一定的主体创造性的肯定。它要求造物主体对"美材"予以"巧"治,即所谓的"因材施艺""适材加工"。

总的来说,"材美工巧"所体现的系统观,深刻地反映了当时社会"兼利万物"的哲学思想影响和人的宇宙观,从而在设计上反映出以自然为尚,以人工为本,以及与"天地相宜"相一致的物顺自然,合乎天道的思想观念。

(三)物以致用为本

古代造物设计的目的是为了器用,即器物必须具备一定的实用价值,其首要任务应当是实用价值的设计。

先秦诸子强调的"以用为本",反对雕饰的思想实质上就是一种科学求实精神的反映。如墨子最早提出功利主义原则,极力强调工艺物态生产的实用性。他认为:"为衣服之法,冬则练帛之中,足以为轻且暖,夏则絺绤之中,足以为轻且凉,谨此则止,故圣人之为衣服,适身体和肌肤而足矣,非荣耳目而观愚民也。","为舟车也,全固轻利,可以任重致远。"这些言论,道明了以实用为要,无须华彩灿然,雕琢刻镂的墨家思想。韩非子也指出"玉卮无当,不如瓦器",说明再贵重的盛酒玉器,如果没有底连水都不能放,其价值还不如普通的瓦器。

子贡云:"用力甚寡而见功多",指出了好的设计就是在人使用器物功能时,便捷、宜人。

西汉刘安在《淮南子·齐俗训》中云:"治国之道,上无苛令,官无烦治,士无伪行,工无淫巧,其事经而不扰,其器完而不饰。"在这里"器完而不饰"意为不作多余无谓的修饰、不虚饰无用之物,目的是提倡朴素平实的民风,他是从国家治理方略层面探讨"器"与"饰"的关系的。

重功用的工艺思想可以说综观于整个工艺发展史的全过程中。汉代王符就有"百工者,以致用为本,以巧饰为末"的著名议论;宋代的欧阳修云:"于物用有宜,不计丑与妍";王安石云:"诚使适用,也不必巧且华,要之以适用为本,以雕镂绘画为之容而已。不适用,非所以为器也。"清代的李渔云:"使适用美观均收其利而后可。"

在中国美与善始终是统一的,即荀子所谓的"美善相乐",人们高度重视把美的社会价值与善的合目的性联系在一起,把实用功利观与审美之间联系起来正是善的观念。墨子在议论木鸢时云:"巧为輗,拙为鸢"这里拙与巧的差别,不是两者制作技艺上差别,而在于"巧者"巧于实用,因而是善的,也就是美的;"拙者"在于无用,必然是不善的,因而是丑的。评定巧拙的尺度是实用功能,区别美丑的标准也是实用功能,善是美与巧、拙与丑的中介和杠杆。这些强调物之为用的思想还体现在对人体工学的原理与工艺造物关系的关注,甚至是自觉。从陶器、青铜器、漆器、灯具和家具等生活用品的尺度来看,基本上与人体的各种尺度和需要是相适应的。这种尺度的适宜,在工艺造物中,反映了艺术造物中追求的科学精神。

(四)"文质彬彬"

在工艺设计中,用与美的统一实际上就是文与质的统一,作为工艺设计的原则,早在先秦时期就已被人们所认识。

孔子云:"质胜文则野,文胜质则史,文质彬彬,然后君子"。"野"指粗俗,鄙陋。"史"原意指在宗庙里掌礼仪的祝官和在官府里掌管文书的人,此引申为言辞华丽、虚浮铺陈、浮华虚夸。这里的文质彬彬,对人而言,质地朴素胜过文采,就会显得粗俗野蛮;反之文采胜过质地,就会浮华虚夸,只有质地和文采相互融合,既朴实而又有文采,才能成为"君子"。当引申到工艺造物时,"文"一般指文饰、文彩、花纹装饰，就是指形式的华美；而"质"则指质地、质朴，指器物的本质内容、材质功效。如果只重文，就会刻意追求外观的华丽，而忽视了器物本质的内容，变得徒有其表，而无实用价值。如果只注重"质"，就会只考虑器物的实际功用，而缺乏外在的修饰和加工。因此，工艺造物在满足人们功用的同时，也需要满足与功能相吻合的外在装饰，包括器物的外形、色泽、纹饰、包装等。用文与质的统一，来解决设计造物的内容与形式的和谐统一问题，成为工艺美术的本质追求和设计原则，它反映了人类造物的根本要求和终极目标，规范和制约着人们的思想和行为。在造物领域还可引申为功能与形式并重的思想。

中国古代长期以来持续不断的关于文与质的论争，反映在工艺设计上，正是功能与装饰性的论争。

荀子认为："无伪则性不能自美"，指出只有装饰与合目的性才能再现质的美。设计中的装饰是人类借助物质创造形式来表达内心情感的需要和手段，它与"质"本质上是一致的。文与质的关系在工艺美术范畴内就表现为装饰行为的肯定与否定的选择关系，也就是对自然与雕饰之间的选择关系。

如韩非子认为："繁于文彩，则见以为史""洋洋纚纚然，则见以为华而不实"。他的观点是重质轻文，好质而恶饰，与老庄推崇天然之美，主张自然朴素，反对雕削取巧的工艺观有相通之处。包括墨子提出的"先质而后文"等与儒家思想所倡导"文质彬彬"的美学主张相比，均显得十分片面。

所谓"美善相兼""尽善尽美"作为先秦诸子重要的美学思想，对古代设计文化产生了广泛而深刻地影响。在不同的历史时期，各式各样的器物的设计无不感性的证实了文质兼备、美与善的统一。

这一思想与西方的现代设计思想也不谋而合。英国工艺美术运动的发起人威廉·莫里斯，早就指出了实用艺术必须达到"实用"与"美"的完美结合。美国著名建筑大师路易·沙利文强调的"形式追随功能"以及之后包豪斯所提出的"艺术与技术的新统一"口号，说明了"好的设计"必然在艺术与技术、实用与审美之间保持一种微妙的平衡。并由此道出了设计所必不可缺的两个"阿基米德支点"。

（五）"顺物自然""素朴质真"

崇尚自然、"顺物自然"、返璞归真是中国工艺设计中所遵循的原则之一。凡事求其天然本质，而无附加之华饰，即为朴；无巧美，

图2-7
彩陶大锅齿叶片网格纹壶设计　仰韶文化类型

即为拙,也是老庄哲学的核心内容。如庄子认为:"朴素而天下莫能与之争美""既雕既琢,复归于朴"。顺应自然,完全按照事物的自然本性任其发展和表现,反对一切人为的加工制作,这种非艺术思想,虽然不符合人的本性,但从审美价值方面看,庄子这种崇尚自然,主张无装饰的朴素美,其美学理想,又是十分深刻的。它切入了艺术把握世界的最神圣的理想之地,即"大音希声""大象无形""大巧若拙"的天然之圣境,是一种得于自然又超乎于自然的审美体验。

"器完不饰"出自西汉刘安《淮南子·齐俗训》中:"治国之道,上无苛令,官无烦治,士无伪行,工无淫巧,其事经而不扰,其器完而不饰。"在这里"器完而不饰"意为不作多余无谓的修饰、不虚饰无用之物,目的是提倡朴素平实的民风,它是从国家治理方略层面探讨"器"与"饰"的关系的。

人原本就是自然生态系统的组成部分,并依赖大自然的环境而生衍繁殖。因此,先民们在进行一些工艺设计的创造活动中,非常强调人与自然的和谐,强调设计作品与自然生态之间的协调与共生。自古以来,设计与自然之间从来都是紧密关联的。中国古园林设计就讲求三境一体,即物境、情境、意境,说的就是顺乎自然。明代的计成在《园冶》中云:"虽由人作,宛自天开"的经典论述,可以说概括了中国园林设计的最高境界。其价值取向,符合老、庄"返璞归真""道法自然"的哲学思想和审美追求。

与德国哲学家海德格尔所推崇的"人,诗意地栖居在大地"理念一样,中国古代很早就提出了"和谐、中庸、天人合一"的哲学思想,倡导"尊重自然"的原始自然观,注重人与自然的和谐的关系,这似乎与海德格尔所崇尚的境界有异曲同工之处。

对于只追求华而不实的工艺设计而言,"顺物自然"所崇尚的"真",十分可贵且重要,至今仍不失其意义。

（六）"制器尚象"

传统文化中对造物设计原则的研究,虽然没有形成系统,但已经有了较为深入的看法。《周易》里提到的"制器尚象",对于器物的象形寓意造型的产生和发展有深远的影响。"《易》有圣人之道四焉:以言者尚其辞,以动者尚其动,以制器者尚其象,以卜筮者尚其占。"《易经·系辞上》的"象",作为动词通"像",为象征、取象。《系辞》谓:"圣人有以见天下之赜,而拟诸形容,象其物宜,是故谓之象。"上古人类在观察世界思索世界的时候,不是求诸逻辑,而是借助形象,以"仰则观象于天,俯则观法于地"的方式,构建了丰富而复杂的思想体系。因此,圣人对深奥道理的理解,在造物制器方面则是通过对外物的模拟,用具体的形象以象征事物来实现的。

"制器尚象",主张通过对自然物象外形的特征及神韵的模仿,将器物作为一种象征符号,引起人们对自然的联想,对"道"探求的渴望,"器"则成为解读和承传宇宙间万物之"道"的载体。与道家"师法自然""象法天地"的说法有异曲同工之妙。在"制器尚象"思想的指导下,对自然的观察与抽象,不仅反映在历代器物的造型上,对服饰设计、图形设计以及色彩设计中都得到了明确的展现。"尚象"的设计思想包含三层意思:其一,"尚象"设计是对于宇宙万物的再现。这种再现,不仅限于对外界物象的外表模拟,而且更着力于表现万物的内在的特性;其二,"尚象"设计既是一个认识过程,同时又是一个创造过程。"观",就是对外界物象的直接观察、直接感受。"取",就是在"观"的基础上的提炼、概括、创造。"观"和"取"都离不开"象";其三,"尚象"设计还说明了"观物"应采取"仰则观象于天,俯则观法于地,观鸟兽之纹与地之宜,近取诸身,远取诸物。"只有这样,才能把握"天地之道""万物之情"。古代先哲们仰望天空,远眺大地,观四时流转,察宇宙变化,以诗意的目光打量世界,进而上升为哲学的表达,由此形成了中国古典哲学"诗性智慧"的品格。正是在这种"天人合一"的整体世界观与"物我同一"的审美观念的关照下,构成了中国传统文化中整体的、辩证的、因果循环的思维方式,以及独具特点的中国古代设计的哲学思想。

（七）物以载道

人对于工艺造物的使用、占有的态度和思想意识,会对造物以及工艺设计产生重要影响。在原始社会时期,人与造物之间的关系是一种纯洁的理想关系,它体现着人类造物的本质构思,为了生活之需而创造了实用物,物的实用与美化完全统一,确有一种不可超越的典范意义。而在阶级社会中,私有制使人与物的关系变为占有与被占有的关系。如何看待物,不仅成为一种道德意识,而且成为一种支配和影响工艺设计的工艺思想。其政治性规范性不仅在社会地位、经济地位等方面把人划分成各种不可逾越的等级,而且把一切精神生产和物质生产甚至自然之物,都含括其中,纳入它规定的轨道,规范和制约着整个社会的物质生产和精神生产。不仅"文以载道""诗以言志""乐以象德",而且物也载道、言志、象德。作为官营手工业的技术规则和工艺规范,其造物思想遵循严明的"以礼定制、尊礼用器"之礼器制度。例如《说文·一篇上》中对作为工艺品材质的玉器有这样的描述:"玉,石之美有五德,润泽以温,仁之方也;腮理自外可以知中,义之方也;其声舒畅,专以远闻,智之方也;不挠而折,勇之方也;锐廉而忮,絜之方也。"这里将玉的色泽、纹理、鸣声、质地都与人的品德相对应,人对于美德的向往通过器物来得到表达。中国古代的服饰受礼教和封建社会道德规范所限制,在特定的时间内服饰是守礼尊规的一种表现。孔子说:"见人不可以不饰。不饰无貌,无貌不敬,不敬无礼,无礼不立。"衣冠不正,君子是引以为耻的,会影响一个人在社会中的形象。这种把服饰与礼教统一表达的学说,成了儒教的特征,长期影响着中国人的意识形态。

在传统设计中,色彩的阴阳五行说、图案的十二章文饰,佩授制度,甚至要建城池的大小、城墙的高矮、城门几重、宫室多少,都与人的等级有关,属于"礼"的范畴,中国古代的宇宙观认为,一切事物都有阴阳之分,宇宙有金、木、水、火、土五种物质组成,阴阳在这里成为五行的原动力。与此有关的数字频繁出现在古代衣、食、住、行的设计中。古代皇城的布局包括了与阴阳五行有关的许多数字,如四方八位组成的九宫图等。汉代根据五行原则,确立了东青、西白、南朱、北玄四方位,中央为土,即黄色,阴阳五行说已经与"礼制"结合起来,成为设计的指导思想。从实用造物中体现的阶级意识和社会观念极为鲜明,正如宋代理学大家程颢、程颐所说:"天下无一物无礼乐"。一切造物都反映了统治阶级的观念意识,设计思想也不例外,幸好有道家的思想作为互补,才使中国的设计思想有完整发展的空间。

(八)象以载器,器以象制

"器以象制,水以轮济"出自北宋范仲淹一句很有名的赞美水车的话。指人要想达到提水灌溉的目的,这个器(提水功能)必须需要依附一个象,即形式来实现,也就是说功能要靠形式来承载("象以载器")。

"象以载器,器以象制",是古代哲人对造物形式与功能提出的合理的设计标准和器用思想。从人类造物的本质特征而论,形式服从功能无疑是正确的、基本的。作为为人而用的器物、建筑等人为事物,其形式必然来自功能的结构,而不是功能来自于形式。"器以象制"中的"象制",就是功能内部因素中的一次成像,即"器"的原理、结构、材质、工艺、形态、色彩等的内在凝练。器(功能)是受象(形式)制约或规定的。古代将"器、象、制"三者联系在一起思考,是因为功能必须通过形式这个载体表现出来,即通过具体的形象、合理的形式表现出来,功能与形式的统一构成了人为事物功能美的基本范畴,表现出古人的造物意匠和讲究实效的传统。

(九)"虚实相生"

在古代造物的设计过程中,人们已逐渐认识到,通过实体与空间关系的转化,可以使空间效用得到更好的发挥。提出这一观点最早为《老子·第十一章》中所云:"三十辐,共一毂,当其无,有车之用。埏埴以为器,当其无,有器之用。凿户牖以为室,当其无,有室之用。故有之以为利,无之以为用。"古代的木轮车是由30根木条作为轮毂的,毂是车轮中间车轴贯穿处的支承圆木。车毂是中空的,用以支承车轴和底盘,才能发挥车的功用。埏埴是指和土制作陶器,有了器皿中虚空的地方,器皿才能盛物。盖房子要开门窗,有其空间,才能发挥房子之功用。有与无,即实体与空间、虚与实在这里是互为作用的。

中国人最根本的宇宙观是《易经》上所说的"一阴一阳之谓道"。道家的空间意识,是以自然无为的"道"为尺度的,就其哲学基本精神而言,老庄之"道"就是一种"大美"而"不言"的"虚"。庄子说道虚而待物,唯道集虚,可见道是"有"与"无""实"和"虚"的统一。比如,在中国园林设计中,由实体与空间所蕴涵的园林之"道",就是将实体化为虚景,化有限为无限,使自然界的虚情与实景交融,在布局中处处运用"借景""虚景"等手法使迂回曲折的景色变化无穷。由于注重建筑、庭院与自然空间的交流,反映在视觉上,其空间是空灵且渗透的。从而使人们在游园时,获得"物我交融"的心性体验和精神升华。这种强烈的自然意识与空间意识,对中国传统工艺的发展产生了深远的影响。虚与实的统一相生,成为古代工艺设计核心的审美特质和构成原则。

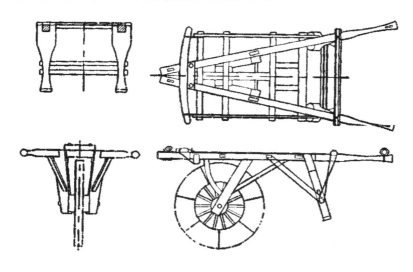

图2-8
中国古代运输工具独轮车结构设计图

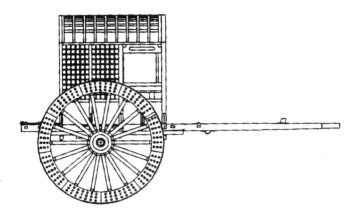

图2-9
中国古代交通工具轿车设计
侧视图

（十）"居移气，养移体"

建筑的功用在人类社会中必须也必然与文化观念建立起联系。认识到建筑对人类文化性的能动造就作用乃是对建筑艺术主动把握的标志之一，在孟子《尽心篇》中，有明晰而深刻的论述。孟子云："居移气，养移体。"将建筑对人的气质的造就作用与营养对人的体格的造就作用并提，强调身心造就的并重，明确提出了建筑的精神作用。古代文人园林的彰显就借助于多种形式，可归为：山水情怀沉潜、精神涵养书写、文学语言渗透、哲学空间铺陈，凸现出含蓄而深远的意境空间。像中国建筑中最有代表性的亭台、阙、楼阁、寺庙、殿堂、厅馆、园林、牌坊、楼宇、曲桥、回廊等建筑来说，其大部分是作为人游览、驻足、交际、娱乐、宣教、修读的场所，是为了人的文化教养而设的建筑，都是以其非居住性为特征的建筑类型，这正是强调建筑对人造就的艺术功能所导致的，是"居移气"这一理论影响下建筑观念的具体体现。作为生活的艺术和文化的环境艺术设计，它的目的正是要创造一种可游、可观、可居的现实生活的理想之境，从而把生活世界与形上追求真正地联系起来，使人们去寻觅、去体悟人生的真谛和存在的意义，最终寻求的实质上是生活的艺术化。通过造景和造境，通过适宜的生活场景、环境的建构，将自己的人格与精神追求物化于环境的艺术设计之中，使之成为其通向理想境界的基础。这显然是中国传统建筑园林最值得称道之处，也是其最富现代意义之处。

（十一）"人为物本、物因人用"

"人为物本、物因人用"体现了古代农业造物的价值观和设计原则，是古人最基本的造物哲学思想。

哲学上把世界分为自然、社会和思维三大领域，唯有人，才是这三大领域的结合点。人与物的关系问题也是哲学的基本问题。

文献表明,自先秦以来,我国造物思想即主张人第一,器第二的观点,重视人与物之间的有机联系,试图在人与物之间建立一种有人性的关系和处在一种亲切的互换的感觉之中,即天人合一。关于人与物的关系问题,元人王祯在所著《农书》中明确阐述了工具与人的关系,即"人为物本、物因人用"。任何工具的制作均是出于对其被作用物的随宜与利用,但这种物物关系应当是出于对人的考虑。

现在学术界所谓从物本到人本到以环境为本,其实这是一种可持续发展理论的生态系统观,但这个系统的核心应该还是人,皆因人而有诗意。因为人生活在地球上,人是以地球为中心的,我们是在地球的地理生态条件下来研究物的。在设计领域,我们研究造物的目的是如何创造物,以解决和满足各式各样的问题和要求。同样是以"人"为根本,而物才是被人利用、认识、改造、控制和保护的对象,造物设计成为人生存和发展的一种有效手段,因此王祯等人认识到了"人为物本、物因人用"的辩证关系,这与现代设计思想是不谋而合的,但也不是偶然的,技术在进步,而古今设计思想却没有本质的差别。

古代工艺设计的思想和实践,证明了中国人也有自己的设计文脉。在当今提倡的艺术与科学相融会的更广袤的领域里,我们相信长期积淀下来的中国古代传统手工业器物设计和思想将与我国手工艺美术器物及民艺品一样,在世界造物设计文明史上享有辉煌的一页。

（十二）精而便,简而裁

精练而适宜,简约而必另出心裁,体现了设计所遵循的审美向度和价值标准。如计成在《园冶》中提出造园设计是"巧于因借,精在体宜",因借是方法,是程序,而体宜是目的,是结构,是最终的设计价值的体现。李渔在《闲情偶寄》里论述有关建筑、造物、陈设时亦以"宜"为准则,如"体制宜坚""宜简不宜繁""因地制宜"等;《长物志》序中沈春泽亦强调"精而便,简而裁"。

沈春泽在序《长物志》中写道,整部《长物志》仅"删繁去奢"一言足以序之。因此提出:"精而便,简而裁"。其中,"简"不仅是一种文人士大夫崇尚的理想品格,也是设计美学的重要内容而体现在"质"与"制"中。如文震亨在《长物志》中提出"随方制象,各有所宜"。"榻者,如花楠、紫檀、乌木、花梨,有古断纹者,其制自然古雅。其他如大理石镶嵌,有退光朱黑漆,中刻竹树,以粉填者,有新螺钿者,非大雅器。"明确表现了设计者的一种审美选择与理想信念,亦即《长物志》所云的:"宁朴无巧,宁简无俗"。这里所追求的是质的纯朴、精而简的风格。所谓"宜简不宜繁"作为设计价值的标准之一,既是经济的,又是审美的。明式家具的简约至美就是这种设计观念的产物。

第三节　西方设计观念的历史发展

一、西方手工艺时期的设计

西方工艺设计思想的发展以工业革命的诞生为标志可以划分为手工业时代和机器时代两大阶段。当中国的先秦诸子在谈论实用与审美关系时,古希腊的哲学家也同样在为美是什么而争辩。与中国诸子思想不同的是,这些哲人几乎混淆了实用与审美的限界。苏格拉底通过功用内涵的扩展而成为美的膨胀,柏拉图提出了"有用就是美"的主张。由此看来,柏拉图等与韩非子、墨子等的上述观点存在着极为一致的地方,即肯定了实用在工艺生产中地位和价值。同时也说明,满足人的基本需要,不仅表现为人自身本质欲望的要求,而且必然代表着社会发展的根本要求,也是工艺美术本质的出发点。需要指出的是,任何片面的强调,都会走极端,"有用就是美",无疑成了现代功能主义的先声。实用的功利思想反映着当时社会造物的基本价值观念,随着经济和生产的发展,人们越来越多注重产品的装饰效果和城市建筑的装饰趣味,形成贵族的工艺风格。至17世纪巴洛克18世纪洛可可风格的盛行,虚饰成为时尚的主流,甚至到18世纪下半叶和19世纪上半叶,工业革

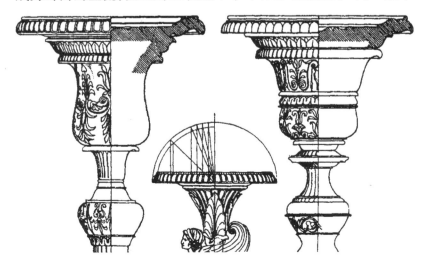

图2-10
意大利文艺复兴时期的枝状
烛台柱头装饰设计

命到来之际,仍出现以科林斯柱装饰起来的蒸汽机和以繁缛的铁制常春藤支架的锯木机,这反映了当时社会艺术与生产各自的对立,实用与审美相对立的现实。

二、工业革命后的设计思想

进入大工业时代,随着工业设计的发展和理论的成熟,使人们对实用、功能与形式、美的关系的理解大大深化了。1851年天才的建筑师约瑟夫·帕克斯顿(Joseph Paxton)为伦敦国际博览会会场设计并建造了他的著名建筑"水晶宫",标志着建筑工业化的进步,宣告了金属结构时代的到来。当时在"水晶宫"举办的伦敦世界博览会同时也促进了工业产品的设计,也引发了对于形式与功能关系的讨论。不久,德国建筑师格特弗里德·森帕尔(Gottfried Semper)写了一本名为《科学·工业与艺术》的书,书中探讨了建筑、设计、工业与教育的关系问题。他主张艺术与技术结合,提倡实用美术。可以说,19世纪中叶成为设计思想史上的转折时期。著名思想代表是拉斯基和威廉·莫里斯(willaim Morris)。他们对19世纪工业的发展持否定的态度,对工业的批评不仅以美学为依据,而且以伦理为出发点,以中古时代的样式为理想,认为哥特式样是最健康而优美的,传统手工艺文明的精神是他们的信念所在,并竭力去试图重建中世纪的某些价值。工艺美术运动首先提出"美术与技术的结合"的原则,主张美术家从事产品设计,认为"只有艺术家动手做出来的东西才是真正完美的",在现代设计史上无疑具有一定地积极意义。这种思想统治了19世纪下半叶的英国设计界,几乎使整个时代的设计家都参与了莫里斯发起的艺术与手工业运动,我们有必要从尊重历史的角度来面对事实,如果从广义上看,手工艺史其实就是工业设计史的前身。威廉·莫里斯倡导的工艺美术运动以及新艺术运动推动了由前者向后者的转变,佩夫斯纳在《现代设计的先驱者》中也提出:"设计由过去到今天的变革扩大了现代主义的阵容。"

威廉·莫里斯的艺术伦理观和设计观与拉斯金一脉相承。其设计观中积极的一面在于具有社会民主精神,强调设计家关心社会,通过设计来改造社会。其缺陷是违背历史的潮流,对工业文明持抵制态度,期望通过提高工艺的地位,用手工制作来反对机器和工业化,与当时机械化时代的发展格格不入。在工业资本膨胀时期用手工制品去抵制工业制品,注定只能是一次唐吉诃德式的对抗。但这种对抗催生了现代设计的萌芽,如果按照莫里斯的想法,机器产品绝对无法与人的手工制品相提并论,而工业化在这个时

图2-11
英国"工艺美术"运动的典范
之作"红屋" ［英］威廉·莫里
斯 1959年

图2-12
维克托·霍塔为自己设计的住
宅 是新艺术运动的代表作
品之一

代又是主导性生产方式,那么出路就必须弄清楚机器到底能够做什么和不能做什么。由于思想的局限性,工艺美术运动推迟了英国的工业设计革命,后被欧洲大陆蓬勃兴起的、顺应时代变化的新艺术运动、装饰艺术运动等取而代之。

新艺术运动(Art Nouveau),是19世纪末20世纪初在欧洲出现的装饰艺术运动,它放弃对传统装饰风格的参照,转向以自然中的植物花卉和动物为装饰纹样的运用,强调自然中不存在的直线、注重手工价值,追求自然风格。相对于正在形成之中的现代主义设计来讲,它本质上是一次复古运动。由于它始终没有摆脱拉斯金和莫里斯等人否定机器的思想,因而不可能为现代工业生产创造出合理的设计理论。但是,从某种意义上,它又促进了现代设计的发展。因为它还是在工业设计形成之初,就敏锐地提出了艺术与技术,或手工艺与机器,以及现实与传统的关系问题。这的确是现代主义设计中不得不认真思考的理论问题。虽然新艺术运动的目的在于解决建筑、室内设计装饰和产品的风格问题。但它并不反对工业化,提出了"自然、率真和精巧的技术"的口号,以吻合时代精神。20世纪初比利时最为杰出的设计家和理论家,"新艺术运动"核心人物亨利·凡·德·威尔德(Henry van de Velde),在他1894年发表的《为艺术清除障碍》一文中提出了新艺术的创作原则:"根据理性法则和合理结构所创造出来的符合功能的作品,乃是求得美的第一条件,"并认为:"技术是产生新文化的重要因素",鲜明地提出了设计中"功能第一"的原则。他肯定机械化生产的意义,认为在产品设计结构合理、材料运用严格准确、工作程序明确清楚的基础上,实现工业与设计、技术与审美的统一。这种思想在现代设计史上是极其深刻的,其理论意义在于对"合规律性与合目的性的统一"的技术美作出了明确的阐述。

19世纪末到20世纪初出现的现代主义是成熟的工业文明的代表。从杜威的实用主义到萨特的存在主义,是现代主义哲学的缩影。

就设计领域而言,1907年,赫尔曼·穆特修斯(Herman Muthesius)创建的"德国工业同盟"(Deutscher Werkbund),成为现代主义设计真正产生和独立的标志。在命名该组织时,也是经过一番推敲:他坚决摈弃含有手工艺意味的"Craft"一词,要使用工业制造意味的"Work"一词,以示与此前风靡英国的各种手工艺行会和英国工艺美术运动的诀别。"德意志工业同盟"不仅是一个工业设计组织,更是一个积极推进工业设计的舆论集团。联盟宣言的主要内

图2-13
西班牙巴塞罗那标志性建
筑　圣家族大教堂——钟塔
尖顶,由"新艺术"风格的代表
人物安东尼·高迪设计

容涵盖六个方面,其中说到:提倡艺术、工业、手工艺结合;大力宣
传和主张功能主义和承认现代工业;主张标准化和批量化生产。
从而把机械式样作为20世纪设计运动的目标,在欧洲大陆率先接
受了从手工业生产到机械化大生产的社会转型这一现实。1911年
穆特修斯在年会上发表了题为《我们立足何处?(Wo Stehen
Wir?)》的报告,提出了设计家应当遵守的三大守则,即产品的质
量、单纯和抽象的外形、产品设计标准化。他和威尔德都反对以手
工抵制机械,以形式破坏功能的旧观念,主张产品的形式应当由它
的功能来决定,应当去掉与功能无关的装饰。这一观点不仅推进

了德国设计的进步,并影响至欧洲和美国。其中的代表人物彼得·贝伦斯(peter Behrens)被认为是德国工业设计的先驱。他在担任当时世界上最大的制造企业——德国通用电器(AEG)公司的产品艺术顾问期间,全面负责公司的建筑设计、产品设计以及视觉传达设计,并以统一化、规范化的整体企业形象设计创造了现代企业形象设计(CI设计)之先河。他设计的通用机器公司的企业标志,也一直沿用至今,成为欧洲最著名的标志之一。他运用简单的几何形式设计的功能主义风格的电风扇、台灯、电水壶等电器产品,也成为制造同盟设计思想的典型范例。因此,他的设计很早就确立了现代设计重功能、重理性的设计原则和设计形式,他的设计极好地诠释了现代设计的理念,成为工业设计史上第一个工业设计师。贝伦斯的贡献还在于他培养了三位现代主义设计大师,即沃尔特·格罗佩斯、米斯·凡德罗和勒·柯布西耶。这三位大师都曾在他的建筑设计事务所工作。因此,在现代设计史上,被称之为"现代建筑师的摇篮",而贝伦斯本人则被称为现代主义设计运动的奠基人。

"德意志工业同盟"标志着现代主义设计不仅以具体产品的方式体现功能主义和技术决定论的观点,而且形成了很明确的思想和纲领。它摆脱了工业革命后"工艺美术运动"和"新艺术运动"对手工业生产方式和装饰美的怀旧,提出"设计为大众"的观点,成为真正意义上的现代主义设计活动。

1919年,著名建筑家怀特·格罗佩斯创办了包豪斯设计学校,为现代生产方式培养相适应的设计人才。包豪斯确认机械本质上是现代的造型手段,强调简洁、明确的功能形式,尊重结构本身的逻辑,找到了适合机器特性的工业化产品生产的基本造型语汇和语法规则。在设计理念上,提出了三点原则:一是坚持艺术与技术的新统一;二是设计的目的是人而不是产品;三是设计必须遵循自然与客观的法则进行。由于包豪斯最先关注到了设计的重要性,并逐渐发展壮大,在它的贡献下,世界范围内诞生了各式各样的设计,发挥了十分重要的历史作用。包豪斯提出的教学思想和方针,归纳起来有以下几点:

(1)在设计中提倡自由创造,反对模仿因袭墨守成规;

(2)将手工艺与机器生产结合起来,提倡在掌握手工艺的同时,了解现代工业的特征;

(3)强调基础训练,从现代抽象绘画和雕塑发展而来的平面构成、立体构成和色彩构成等基础课程成为现代设计基础教学方法;

图2-14

里特维尔设计的红蓝椅子是荷兰风格派最著名的代表性作品

图2-15

流线型、连续的金属线条无缝的延伸，是现代主义运动的完美表现

[德国]马塞尔·布鲁尔设计的家具

（4）强调实际动手能力和理论修养并重；

（5）强调学校教育与社会生产实践的结合。

包豪斯创立了工业时代艺术教育的基本原则和方法，发展了现代设计的新风格。这些对现代设计教育都具有重要的启示作用，也是设计作为一门学科确立的标志。

此外，荷兰的风格派（De Stijl）运动、俄国的构成主义（Constructivism），都是现代主义运动中最重要的团体和流派，在设计史上被视为是现代主义的三大支柱。荷兰"风格派"的精神领袖是杜斯格博格（TheoVan Doesbrg），重要成员有著名的画家蒙德里安（Piet Mondrian）等。蒙德里安用几何纯色块组成的抽象画面对"风格派"的形成产生了极大的影响。

俄国的现代设计探索被称为"构成主义运动"，构成主义以表现设计的结构为目的，设计师和艺术家把设计当作工程师建设桥梁或水渠一样来操作，他们富有机械美感的设计也影响了包豪斯的设计风格。构成主义的代表人物有马列维奇和塔特林等。

德国的格罗佩斯、米斯，法国的科布西耶、芬兰的阿尔托，美国的赖特等是这场运动举足轻重的领袖人物。其设计思想具有民主主义、理想主义、精英主义三方面鲜明的特征。

现代主义设计标志着设计的系统化、规范化。在深刻认识机械文明、普遍承认现代技术的土壤上，架构起现代设计观念和现代设计操作的科学体系，由此创造出一种新的审美境界。

在提倡简洁的风格之后，功能主义的设计思想首先表现在对装饰的摒弃。著名的现代主义建筑设计大师米斯·凡德罗，在他的《建筑与时代》《建筑方法工业化》《建筑箴言》等专著中全面论述了他的"少就是多"（Less is more）的现代主义设计理论，对后来的现代主义设计理念产生重大影响。米斯的"极少主义"建筑，以及现代风格的钢管沙发设计，都以对材料的理解和对构造方法的精湛运用为特点，废除了历史的形式乃至外加的装饰。另一位与米斯齐名的是著名的现代主义建筑设计大师与设计艺术理论家勒·柯布西耶，一生著书立说数目众多，提出了"住宅是居住的机器"的建筑新理念和独到的城市规划思想。他撰写的《走向新建筑》（Vers Une Arcitecture）一书，被称为是一部革命性的设计理念专著。书中大力宣扬机械的美，从而使勒·柯布西耶成为"机器美学"（Machine Aesthetic）的理论奠基人。荷兰风格主义艺术家陶斯伯认为：机械的新的可能性已

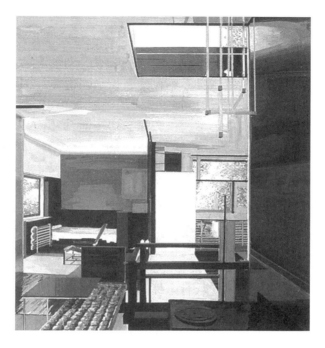

图2-16
施罗德住宅设计是现代主义
的代表作品

经创造出我们时代的一种美学观,就是所谓的"机械美学"。主要指看起来像机械和看起来是由机器所制造的物品即毫无装饰的几何实体如球形、立方形、圆筒形等造型。它们所体现的简单化的、几何型的理念,符合机器美学的原理和工业社会的标准化、专业化的潮流。现代主义设计风格正是伴随现代建筑中的功能主义及其机械技术美学理论应运而生的。机器美学观不仅表现在风格主义中,而且表现在其他许多艺术流派中,如立体主义、未来主义、构成主义等,更是现代主义设计主导的美学观。

芬兰现代主义建筑师阿尔托则是人性化建筑理念的倡导者,他的设计艺术理论包括信息理论(information theory)、表现理论(expression theory)和人文风格三个部分,其中人文主义追求是阿尔托对现代主义设计的最大贡献。第二次世界大战期间,大批的设计理论家从欧洲移居美国,从而促进了美国设计理论的发展。钢铁、水泥和玻璃幕墙等新材料以及高层构架等新技术的运用,使芝加哥在火灾之后重建时,崛起一片片的摩天大楼,形成了简洁、严峻的建筑风格和城市风格,芝加哥学派也因此扬名。芝加哥学派不仅有成功的实践,而且有系统的理论。著名建筑设计师路易思·H.沙利文(Louis Henry Sullevan)设计的芝加哥百货公司大厦,被称为现代摩天大楼的先驱之作,沙利文也因此成为芝加哥学派的理论代言人。他旗帜鲜明地提出了"形式服从功能"(form follow function)的口号,成为美国设计界多年以来一直遵循的基本原则,这也是现代主义设计的总的原则之一。他认为建筑应该从内而外地设计,相似功能的空间在结构上具有一致性,其思想在当时具有革命性的意义。维也纳建筑师阿道夫·卢斯深受沙利文美学思想的影响,他在1908年发表的一篇题为《装饰与罪恶》的文章,主张建筑和实用艺术应该去除一切装饰,提出了"装饰就是罪恶"的观点,犹如向传统的建筑美学投下了一颗重磅炸弹。从而在形式上完成了现代主义的蜕变,也从理论上确立了功能主义、理性主义的设计原则,产品设计也遵循这些设计原则,发展出了功能主义风格,工业时代的机器美学及反装饰的功能主义占有越来越重要的位置。

第二次世界大战后的德国人开始重新振作自己的设计事业和设计教育事业,这种提议的背景是复杂的,一方面德国人希望能够通过严格的设计教育来提高德国产品设计水平,为振兴德国战后凋敝的国民经济服务,使德国产品能够在国际贸易中取得新的主导地位;另一方面,则是有感于德国发动的现代主义设计在美国的发展与初衷相违背,开始向商业主义、实用主义转化。1953年被称为战后包豪斯的德国乌尔姆(Ulm)设计学院建立,马克斯·比尔担任第一任校长。学院通过建立一个基于社会学、符号学和政治参与的新设计科学来弘扬包豪斯人道主义精神,从根本上反思现代工业社会中美学和设计的社会意义。并尝试着"在理论与实践之间,在科学研究与造型行为之间寻求新平衡",设计教学的一些学科在合乎其实用工具性的基础上被重新加以认识,设计师的自我意识同样被重新定义。在教学上理论所占的比重大大增加,设计生态学的课题也被关注,尤其是基础教学的观念也得到了巨大的改变,形成了所谓的"乌尔姆模式"。乌尔姆设计学院的最大贡献,在于它完全把现代设计——包括工业产品设计、建筑设计、室内设计、平面设计等,从以前似是而非的艺术、技术之间的摆动立场坚决地、完全地移到科学技术的基础上来,坚定地从科学技术方向来培养设计人员,设计在这所学院内成为单纯的工科学科。他们强调技术的新理性主义设计思想成为现代工业产品设计的模式,尤其是他们的系统设计方法成为理性设计思想的重要内容。功能主义风格作为工业经济时代设计的典型特征,在乌尔姆时期达到了高峰。

第二次世界大战以后的美国,设计的发展异军突起,逐渐取代欧洲,成为当今世界新设计的温床。

美国对于现代设计发展的最大贡献,首先在于它是世界上第一个把工业设计变成一个独立职业的国家。工业设计独立为一个职业,意味着专业化程度和水平的提高。各个企业争相建立独立的工业设计部门,社会上出现了独立的设计事务所,一大批专业设计师由此诞生,并获得了广泛而坚定的社会支持。最著名的设计师雷蒙德·罗维(Raymord Loewy)是美国第一代工业设计师中的典型代表人物,由于他的设计活动非常广泛,被称为"万能设计家"。1933年,他为美国灰狗长途汽车公司和荷兰的"壳牌"(shell)石油公司设计的企业形象标志以及完整的企业形象,成为美国及欧洲早期CI设计的代表作,树立了企业形象的早期典范。他设计过几种火车头和汽车,1937年设计的可口可乐公司瓶型改型和企业形象也获得了巨大成功。罗维所从事的设计活动大到飞机、宇宙飞船,小到邮票、香烟盒,充分体现了美国第一代设计无所不能的特点。美国设计师的成就,一方面得益于他们思维活跃、观念开放,另一方面,经济和市场的不断推动和贯彻销售至上的原则也是重要原因。雷蒙德·罗维就曾经说过:"对我来说,最美丽的曲线是销售上涨的曲线。"正是借助经济和技术的广泛扩张与渗透,美国的设计风格开始迅速地影响世界,出现了所谓的"国际式风格"。

这一时期"样式主义"及"有计划的废止"成为美国经济危机时期发展起来的设计潮流。在保持产品的功能、结构等在一段时间相对稳定的同时,不断让产品的外观造型花样翻新,以新颖的样式来博得消费者的青睐。在设计手法上的突出表现就是流线型设计,几乎没有几样东西不是流线型的时髦样式。流线型不仅在很大程度上是为解决由经济危机造成的产品滞销而采用的一种"时髦"的产品样式。与空气动力学也息息相关,但是从性能上来说并没有与外形变化保持同步。

20世纪50年代,工业设计的重要特点是把人机工学(Eegonomic)原理引入设计之中,使设计更具科学性。人机工学通过对人与产品之间各种因素的分析和研究,在设计中考虑使用者的生理和心理因素,寻找人与产品之间最佳的协调关系。人机工学在设计中的运用使产品与人体相关部件更适应人体活动的基本要求,这在工业设计上是个极为重要的进步,设计师开始思考如何为人们提供更舒适、安全和科学的产品,为现代设计增加了新的内容。

总之,现代设计追求普遍的理性主义,在摆脱了对现实的模仿和再现的同时建立了自身的话语系统,它所建构的美学范式的核心不在于所谓形式服从物的使用功能,重要的理性、秩序、法则、规律等抽象概念在形式上得以充分的表达。现代设计的产生是自觉适应科学技术作为社会发展的主导力量的结果,其最大的贡献在于通过对工业文明的礼赞来为自身的下一步发展奠定了合法化的基础。

随着人类由以机械化为特征的工业社会走向以信息化或非物质化为特征的后工业社会。设计开始不再囿于满足大众的物质需要,而是指向人类的精神文化层次,设计伦理的内涵则注重在深层次上审视人类设计意志与设计发展的合理性,追求人—设计—环境的和谐共生与可持续发展。为了打破现代设计国际主义风格的单调局面,从波普设计开始,设计师们一直在进行着各种反现代设计的尝试,这一尝试在20世纪80年代达到高潮,形成了所谓的后现代设计运动。最早由英国建筑师和理论家查尔斯·詹克斯(Charles Jencks)出版的《后现代建筑语言》等一系列著作,奠定了后现代主义理论的基石。他极力推崇后现代主义建筑及室内设计的多义性、二元性及多种可供选择的文化价值,朝着隐喻、形意、乡土和新的模糊空间方向发展。围绕这个时期前后出现的拉康的镜像说、福柯的知识考古学、德里达的解构学等思想理论家,在其自身母语智慧的滋润下,以独到的方法论、鲜明的思想及富有创造性的语言丰富了"后学"的理论,成为20世纪西方人文发展的亮点。

西方美学的研究与发展,对后现代主义思潮的形成起到了推波助澜的作用。如完形心理学美学理论(格式塔心理学)、心理分析美学、实用主义美学、自然主义美学、新实证主义美学、符号论美学等,它们都不同程度地影响了后现代主义理论的形成和发展。

后工业社会的设计是以后现代主义为主要特征的。后现代主义,严格地说应当称之为"现代主义之后",它以对现代主义的反动和修正,界定了与其截然不同的形式风格。后现代主义理论的奠基人之一的美国建筑师罗伯特·文丘里(Robert Venturi)最先提出了反对功能主义的美学宣言,他在1966年所著的《建筑的隐晦》一书中直截了当地认为设计应该超越功能技术语言的框架,创造造型语义"多义性"而不是"单一性",追求"个性"而不是"共性",肯定创新的"即时性"而非"本源性"的逻辑推理,坚持审美对杂质和纯洁的"两者兼容",而剔除"非此即彼",推崇"使用功能的隐语"来取代"使用功能的直述"等。他出版的《现代建筑的复杂性和矛盾性》一书,堪称一本反对国际主义风格和现代主义思想的宣言。在书中,他从理论上提出了对以德国"包豪斯"设计理论为基础建立起的,并影响了20世纪以来全世界设计发展的"现代主义"以及相关的"国际风格"的批判。文丘里进一步提出：建筑和设计应以"折衷主义"的视觉景观为基点，建筑师应当更多的接受大众的品味和价值观，而不应满足于自我膨胀的所谓"纯粹"感。从而提出了后现代主义的理论原则，旗帜鲜明的挑战米斯的"少就是多"的原则，主张从历史建筑因素和美国通俗文化两个方面来丰富建筑。这种尖锐的观点在设计界引起了轩然大波，但由此却引发了一场真正由美国人领导的"后现代主义"运动。文丘里也被人们公认为是"后现代主义之父"。

　　后现代主义的重要特征就是"折衷"，是一种典型的美国式的文化概念。针对现代主义后期出现的单调，缺乏人情味的理性而冷酷的面貌，后现代主义以追求富于人性的、装饰的、变化的、复杂的、个人的、传统的、表现的形式，塑造出多元化的特征。因此，后现代主义的概念迄今没有一个确切的定义，这是由后现代主义的多元化和复杂性决定的。不确定性是后现代主义的根本特征之一，这一概念具有多重含义。后现代对当代人的精神冲击是全方位的，在思维理论层面上可以肯定后现代主义批判否定精神和异质多样的文化意向，后现代主义只有在其"异样事物"中才能获得自身的规定和理念。现代主义和后现代主义并无明确的界定和严

图2-17
美国新奥尔良的意大利广场
（局部）　查尔斯·穆尔设计
具有鲜明的后现代主义风
格　1980年

格分界,后者将现代主义的观念重新予以选择和评估,使其部分在新的历史条件下得以重新发展,后现代主义空间、玄学和隐喻等,也包含了现代主义的风格和面貌,所以也称之为"激进的折衷主义"。

建筑领域的后现代思潮推动了产品设计领域的后现代设计发展。意大利1976年的"阿卡米亚"(Alchymia)工作室和1980年的"孟菲斯"(Memphis)设计家组织是后现代设计运动的代表。他们在设计中公然展示的装饰性、趣味性、庸俗品味以及对设计功能显而易见的忽视和五光十色的色彩效果,把精英文化和大众文化融会合流起来,使习惯于现代设计的设计师和公众在吃惊的同时,也对设计开始了重新认识和思考。同时期出现的新现代主义,与后现代主义强调装饰、隐喻、文脉、历史和乡土不同,新现代主义仍然强调技术和功能问题。但是,新现代主义在注意保持现代主义注重功能的理性主义的严谨而简洁特征的同时,又掺入了象征性风格,注重建筑与环境的文脉关系,因而深受新一代建筑家们的推崇。美籍华人建筑家贝聿铭(Bei Ieoh Ming)是新现代主义的代表。他设计了许多优秀作品,如华盛顿国家博物馆东厅、香港的中国银行大厦、法国卢浮宫前的水晶金字塔等,赢得了很高的赞誉。他发展了现代主义,在他身上,现代主义与后现代主义,乃至东方文化与西方文化都达到了有机的统一。

在经过了后现代思潮的洗礼后,设计开始进入到一个多元化

图2-18
以索特萨斯为首的孟菲斯设计集团的5位成员

时代。在这种多元化的背景之下,设计不再有统一的标准和固定的原则,成为一个开放的、各种风格并存的、各种学科交汇融合的学科。正像所谓后工业社会并不意味着完全摆脱工业而独立一样,后现代社会的设计和建筑,在对于观念和风格多样化的探求中也不能全盘否定现代主义的成就。因此,在当代设计领域中,表现主义、古典主义、文脉主义,甚至现代主义、未来主义、高技术派等,都能找到自己生存的土壤和空间。它们共同构筑了当代的设计世界。

到了20世纪80年代以后,设计的发展更是呈现出多元化的局面,而各种纷繁的设计理论仍有一个共同的目标,就是要将设计尽可能放在更为广阔的社会背景中去研究。

概括起来,现代设计的发展经历了七个台阶:

(1)优良工艺设计(19世纪后半叶);

(2)理性主义设计(20世纪10年代);

(3)商业主义设计(20世纪30年代);

(4)品牌形象设计(20世纪60年代);

(5)人本主义设计(20世纪70年代);

(6)绿色设计(20世纪80年代);

(7)非物质主义设计(20世纪90年代)。

三、西方现代设计思潮概要

现代设计从诞生到现在一百多年间,设计流派和设计风格层出不穷。虽然"现代主义"及"国际主义"一统天下数十年,但其中受各种哲学思潮影响而出现的设计现象,却并非偶然,在它背后所隐含的是十分深刻的社会历史动因和哲学思想。为了便于分析其产生和发展的理论背景,有必要对设计产生重要影响的各种思潮做一梗概的介绍:

(一)科学主义与人文主义思潮

从现代设计发展的历史来看,科学主义思潮与人文主义思潮的二重变奏构成了整个20世纪以来设计哲学的整体形象,同时也展示了当代人类文化发展的基本脉络和宏观走向,是人类的生存与发展中最重要,最不可避免的问题。正因为如此,科学主义与人文主义便不仅在西方,而且在整个世界范围内成为20世纪的两大思想主题。

科学主义作为一种哲学思潮是与实证主义,特别是逻辑实证主义分不开的。在本体论上,它拒斥形而上学,主张用科学方法,尤其是逻辑的方法分析问题,以取消有关世界本源的探讨;在认识论上,它崇尚理性主义和泛逻辑主义,反对非理性主义;在方法论上,它独尊科学方法和逻辑方法,把自然科学方法奉为圭臬以统辖一切学科(包括哲学和人文学),反对方法的多元化和人文学方法的独特性;在语言观念上,它力图扫除日常语言中的多义性和歧义性,主张用逻辑方法建立一种精确的、描述性的、还原性的和工具性的理想语言;在人学问题上,它主张从精确科学的角度规定人的本质和特性,进而对人生和价值问题作出规范化和实证化的说明,反对采用"理解"的方式和"表意化"的方法;在科学观上,它反对科学悲观主义,鼓吹科学万能。

相反,人文主义作为一种哲学思潮是与非理性主义浑然一体的。在本体论上,它反对科学方法染指哲学。主张以本体论为哲学的中心,倡导终极关怀和本体追求的精神;在认识论上,它反对唯理主义和泛逻辑主义,崇尚诗性逻辑;在方法论上,它反对科学方法的独断性和普效性,主张重视想象、隐喻、内心体验、无意识探索和解释学等;在人学问题上,它反对把人当作科学的对象和理性的奴仆,主张以诗性的途径去把握具有情感、直觉、欲望和意志自由的人,重新揭示人的存在本质、意志自由和价值内涵;在科学观上,它反对科学乐观主义,主张摆脱科学的枷锁,消除科学极权主义。

19世纪西方学者开始使用"Humanitas"(人文主义、人道主义或人本主义)来专指文艺复兴时那股人文思潮。人文主义者把人的问题和人价值放在首位,强调对人自身的关怀,崇尚人的理性,提倡人的尊严,追求人解放。因此,文艺复兴运动也被称为"人本主义运动"。

文艺复兴运动是发生在欧洲封建社会末期的一场思想启蒙运动,这场历时上百年的人文主义运动最终把人们的思想带出了封建社会,从封建时代的"以神为本"转向了具有现代意义的"以人为本",从而为西方国家结束封建时代,走向现代化道路奠定了思想基础。

从人类历史发展来看,科学主义和人文主义作为人类的思想方式和文化发展路向,并不是这个时代的产物,它们可以追溯到人类更早的时期。其历史的发展可表现为理性主义与非理性主义的交替变化,呈一种螺旋式上升的趋势。以发展科技为特征的西方理性主义文化,一方面毫无疑义地推动了社会的进步,但另一方面,它的负效应也是巨大的。人类为了改善自己的物质生活条件、摆脱繁重的体力劳动而夜以继日地发明技术,但大工业却让人变成了机器上的一颗螺丝钉,人性丧失了。于是,一种新的思潮——非理性主义思潮悄然而生,并汇成了一股强大的潮流,冲击着现代西方文化。反对科学,贬低人理性,抬高人非理性成分,诸如直觉、本能、意志、生命存在等,要求对人进行深层次、全方位的关怀。

从设计史中,我们可以看到以希腊"人文主义"为起源的理性主义和文艺复兴式风格,到后来变化进入到巴洛克风格,虽然讲究是打破重组,但仍然是理性的,到最后出现了非理性的洛可可风格,其间经历了三四百年的历史。而到了20世纪初,随着工业革命所带来的科学技术的巨大进步,以德国包豪斯学校为基地发展起来的现代主义,其主导的哲学思想当然是德国黑格尔的理性主义。这一时期,出现了理性的现代主义和"国际主义"一统天下数十年的局面。第二次世界大战以降,尼采、萨特、德鲁滋、德里达等人宣扬的都是非理性的哲学,其思潮席卷了20世纪西方的学术界。受此影响,许多现代主义大师,如勒·柯布西耶设计的朗香教堂、盖里的解构主义设计等,又开始转向非理性主义的设计。进入80年代以后的设计,出现了众多的"现代主义之后"的设计思潮和流派,虽然观点、方法很不一致,但有点是相同的,那就是它们都在以各自的方法和思路去寻求设计之意义,寻求设计与人的关联,自觉探求设计的本来意义,重新致力于像"创造场所感"这样的主题,乃至今日追求多元、多价,运用多种不同的方法满足人们对设计多方面要求的多元化格局的形成。从中可以看到人类对设计存在本质的不断反思、探索的思想发展脉络,并明显地感受到一种共同的

图2-19
现代主义建筑大师赖特为卡夫曼家族设计的流水别墅,成为无与伦比的世界著名的现代建筑

趋向与追求,那就是对人的关怀和尊重。这是由于科学的过程中融进了历史主义、人文主义,即科学的文化背景使科学具有了哲学的时空观。虽然科学和人文尽管在关注的对象上看起来有所不同,但精神实质和深层底蕴上则是相通的,互补的,目的都是为了要解决人类面临的问题。因此,不管是科学精神还是人文精神,都是人类文化的特定路向,作为人精神生长的特定方式,他们都是人类自身存在与发展的需要所决定的。有研究者认为:一方面,在某些过去一直受到科学主义笼罩的学科里,出现了走向人文主义的趋向;另一方面,由于人文主义更能适应当代社会人们的特殊情绪而显示出自身的优越性,因此它能在新的高度和新层面包容科学主义的某些合理因素,从而在当代社会里形成了以人文主义思潮为主导、人文精神与科学精神相融合的哲学格局。因此,今天的人们,无论是西方还是我们,已不再像过去那样热衷于追逐一个个思潮、时髦的流派或风格了,代之而起的是对设计与人类生活本质更深入、更理性的思考。

（二）符号学理论

符号学是研究有关符号性质和规律的学科,是将所有的文化现象当作符号系统来研究的一门科学,这门科学同时也研究任何事物可以产生含义的方式。符号学这个术语,来源于希腊的符号（semeion）一词,可以解释为符号及其应用的普遍原理。现代符号学作为一门从哲学中独立出来的分支学科形成于20世纪初,分别发端于美国符号学家皮尔斯（Charles Sanders Pierce）逻辑学和瑞士语言学家费·德·索绪尔（Ferdinard de Saussure）语言学的研究中。

当代美学家M.比尔兹利说:"从广义上来说,符号学无疑是当代哲学以及其他许多思想领域的最核心的理论之一"。可见符号学在当代学术研究中的重要地位。

当代通行的一般符号学共有四种理论体系:以逻辑中心主义为代表的美国的皮尔斯理论体系;以语言中心论和概念系统的统一性为代表的瑞士的索绪尔结构主义符号学理论体系;法国符号学家、结构主义批评家格雷马斯（Algidas Julein Greimas）的欧陆符号学理论体系以及意大利符号学家艾柯的一般符号学理论体系。20世纪符号学的研究方向大致可以分为三大类:语言学的方向,非语言学的方向和综合方向。

德国哲学家斯特·卡西尔,在他的著作《符号形式的哲学》和《人论》中创立了符号学美学。卡西尔的符号学是一种文化哲学,用符号系统来规定人的本质,并把人类文化的各个方面看成是符号化行为的结果。他认为语言、神话、宗教、艺术、历史学等,都是符号行为,并提出了一个十分重要的命题:"我们应当把人定义为符号的动物(animal symbolicum)"根据卡西尔的符号论哲学,人之所以区别于动物,其根本点就在于人能创造并运用符号来交流思想和认识对象。他说:"所有在某种形式上或在其他方面能为知觉所揭示出意义的一切现象都是符号,尤其当知觉作为对某些事物的描绘或作为意义的体现,并对意义作出揭示之时,更是如此"。

美国符号论美学家苏珊·朗格全面继承和发展了卡西尔的符号哲学,使符号学美学产生了十分重要的影响。她在《情感和形式》一书中认为:所有的艺术只有在创造形式符号来表现情感这一点上才具有共性。她具体分析了各种艺术符号的特性,把艺术定义为"人类情感的符号形式的创造。"她认为,艺术首先是一种符号体系,而且是一种特殊的符号体系。

早在春秋战国时期,我国著名的思想家庄子在《庄子外篇》中就已提出:"言者所以在意,得意而忘言。"即:在语言和事物之间尚存在着表征物与被表征物的关系。语言是事物的表征物,事物是语言的被表征物,语言的任务是事物的信息的被表达,语言的角色是传达信息的媒体。符号正是利用一定的媒体来代表或指示某一事物的东西。这些东西以狭义语言为基础,又表现为可视图形、肢体动作、音乐等广义语言。因此,符号学是交流的一种理论方法,它的目的是建立广泛可应用的交流规则。

1.构成符号学概念的三个要素:

即符号要素、符号指示对象(内容)要素、符号的解释者(制造者)要素。与此相关的学科有语言学、形态学。

从符号与它指涉对象(即其指向与涉及的事物或领域)的关联上,美国哲学家皮尔士(Peirce)将符号区分出以下三种不同的类型,同时也是符号的三个层次:

图像符号(ICON),又称类像,是一种凭借自身所表达的客体之间的某些共同特征来指示该客体的符号,不论这种客体是否实际存在,图像是规则和符号的系统化的形态,是一种处于纯粹状态中的语言。图像符号是通过模拟对象或与对象的相似而构成的。如肖像,就是某人的图像符号,人们对它具有直觉的感知,通过形象的相似就可以辨认出来。

标志符号(INDEX),又称指号、标引、索引。标志是一种记号或是一种表象,它是在类比基础上所提供的联想。即标志符号与

图2-20
黎族服饰图形符号

所指涉的对象之间具有因果或是时空上的关联。如路标,就是道路的指示符号,而门则是建筑物出口的指示符号。

象征符号(SYMBOL),是与对象有关的符号,它借助一种规约的力量进行指示,通常是一般性概念的任何一种联想,依靠所作出的与客体有关的解释而起作用。因此,象征符号是约定俗成的结果,它所指涉的对象以及有关意义的获得,是由长时间多个人的感受所产生的联想集合而来,即社会习俗。比如红色信号灯在现代交流符号中表示危险,荷花表示清廉高洁等。

2.符号的三重含义:

表层——外延性寓意——物理符号(物质)。

里层——内涵性寓意——知性符号(意识)。

深层——隐喻性寓意——文化性符号(文明)。

符号的构造就是将概念赋予形象,将价值注入实体的过程。因此,符号必须不断地指向意义。后来研究集中在两个问题上:人的理解和信息的含义。20世纪50年代,国外建筑界作为工业设计的先驱开始引入符号学方法。当时,人们十分关注建筑的"意义危机"(Crisis of meaning),认为现代标准化的建筑使环境失去了场所感(Sense of place),由此功能和意义之争成为一个焦点。后现代建筑正是运用了符号学的理论和方法,从而丰富了建筑的意义。60年代后期,符号学开始变成研究媒体理论的主要方法。对多数符号学研究者来说,它是研究各种文化、艺术、文学、大众媒体、计算机人机界面中符号和交流方式。有人从符号学的角度研究美术图画的功能,有人建立了图文设计符号学、产品设计符号学、计算机符号学等。人类设计造物的历史,就是这种符号构造的动态过程。因此,深入分析设计符号的产生和演变规律,探索设计符号的形式和意义之间的关系,可为设计提供具体的技术指导和有力的理论依据,为设计的综合化、系统化和科学化奠定基础,并为现代信息处理技术应用于设计开辟了道路。

(三)格式塔心理学

格式塔心理学是西方现代心理学的主要流派之一,根据其原意也称为完形心理学。1912年在德国诞生,由M.韦特海默、W.克勒和K.科夫卡等领导的柏林学派创立,后来在美国得到进一步发展。格式塔心理学吸收了E.胡塞尔的现象学观点,主张心理学研究现象的经验,也就是非心非物的中立经验。在观察现象的经验时要保持现象的本来面目,不能将它分析为感觉元素,并认为现象的经验是整体的或完形的(格式塔),所以称格式塔心理学。整体性思想的核心是有机体或统一的整体构成的全体要大于各部分单纯相加之和,这是一种和原子论思想(把整体仅仅看作是部分相加的一个连续体)相对立的观点。

格式塔心理学认为,现象的经验就是整体或格式塔,所谓感觉等元素乃是进行了不自然分析的产物。W.克勒说:"当我眼看面前的书桌时,我便看到许多界线分明的整体在视野内各别分开,桌面上有一张纸、一支铅笔、一块橡皮、一条香烟等。"他为了证明这些分离整体的现实性,认为不妨试行将这些物体的部分与背景的部分合成另外一些整体,结果就可以有时失败,有时有较好的成就,但其所造成的新整体与自然的整体相形之下,就不免离奇古怪了,读者也许以为这是由于人们日常应用过这些东西,习惯于把它们看成分离的整体。

因此,在格式塔心理学派看来:"不是用主观方法把原本存在的碎片结合起来的内容的总和,或主观随意决定的结构。它们不单纯是盲目地相加起来的、基本上是散乱的难于处理的元素般的'形质',也不仅仅是附加于已经存在的资料之上的形式的东西。相反,这里要研究的是整体,是具有特殊的内在规律的完整的历程,所考虑的是有具体的整体原则的结构"。这被认为是格式塔心理学理论的核心内容。这样,格式塔心理学便有一条基本原则是组织,并总是用尽可能的简单的方式从整体上去认识外界事物。

组织原则首先是图形和背景。在一个视野内,有些形象比较

图2-21
日本平面设计师福田繁雄设计的招贴(左图)

图2-22
日本招贴图形符号(右图)

突出鲜明,构成了图形;有些形象对图形起了烘托作用,构成了背景,例如烘云托月或万绿丛中一点红。

格式塔心理学有以下基本观点:

首先,格式塔研究的出发点是"完形",完形有三个特点:第一,整体性。它反对元素分析,强调整体组织。认为整体并不等于部分的综合,并不是由若干元素所组合而成的。反之,整体乃是先于部分而存在并制约着部分的性质和意义。第二,完形,在其大小、方位等发生改变的时候,仍然保持整体性和功能不变,具有变调性。第三,完形是客体经过知觉活动组织成的整体,是客观的刺激物在主体知觉活动中呈现出来的式样。总之,人们在观看的时候,物体内在的物理结构使人通过视觉形成了一种和谐一体的心理结构。即构成学上常讲的"异质同构"。

其次,格式塔是一个力的结构。有中心,有边缘,有重心,有倾向,有主次,有虚实,有对比,完形自发组织地追求着一种平衡,力的蕴涵、运动都围绕着平衡进行。这种平衡,是力的平衡、动态的平衡。

格式塔的活动原则有两个:简化与张力。简化就是以尽量少的特征、样式把复杂材料组织成有秩序的力的骨架。简化以分层、分类、忽略等多种方式,走向知觉上的动态平衡。动态平衡的基础在于张力。点、线、面的结合、色彩的对比、过渡,其中蕴涵着内在的"倾向性的张力"。因此,格式塔心理学理论不仅对现代心理学的发展提供了新的方法意义,同时对整个艺术领域有重要影响,尤其是 W.克勒在知觉方面,提出了图形知觉的规律对图形设计的研究具有特殊意义。

　　(四)结构主义和解构主义

　　结构主义是20世纪60年代在法国风行一时的一种哲学思潮,其核心是结构主义方法,这种方法被广泛地运用于许多学科之中。结构主义基本上是关于世界的一种思维方式,这种思维方式对结构的感知和描述极为关注。世界是由各种关系,而不是由事物构成的观念是结构主义思维方式的第一条原则。即只有在结构关系中,任何事物的完整意义才能够显现出来。在结构主义者看来,"结构"一词指的由历史情景所决定的各元素之间的种种关系,在理解复杂的历史关系时,结构主义所使用的是"系统"这一概念。因此,结构主义哲学家虽然对"结构"的解释有所不同,但他们都是从结构与成分的区分去了解现象的。

　　结构主义最卓越的理论家让·皮亚杰对结构的三种特性的概括是具有普遍性意义的,它们是:

　　(1)整体性。即任何事物的结构是按组合规律有秩序地构成的整体。这里所谓整体,不是简单的部分相加,而是在整体的组合下的部分的组合。换句话说,每个部分都属于有机的整体,都是有机整体的一个部分。所谓整体性,最精练地表述,也就是有机统一。

　　(2)转换性。任何事物机构内部的各组成部分可以按照一定的规则互相转换或改变,这便形成了结构的生生不息的变化。否则结构便成为凝固的了。

　　(3)自身的调节性。任何事物结构内部各组成部分都互相制约,互为条件。"结构把自身封闭了起来,但这种封闭丝毫不意味所研究的这个结构不能以子结构的名义加入到一个更广泛的结构里去。对自身调整性的掌握,实际上便是掌握了这个结构内部的自身原动力。①

　　解构主义(Deconstrructionism)亦可称为后结构主义,它是对结构主义哲学意义上和实践意义上的否定。解构主义这个字眼是从"结构主义"(Construction)中演化出来的。"结构主义"最早是语言学上的理论。语言学把一个个单词看成是一个个符号,这些符号必须以某种方式连接起来才能完成某些意义的传达。把单个符号组织起来的形式被称作语法,也叫结构。这种结构由两部分组

①皮亚杰.结构主义[M].倪连生,王琳,译.北京:商务印书馆,1984:2-11.

图2-23
蓬皮杜国家艺术文化中心
皮亚诺和罗杰斯设计　1977年

图2-24
蓬皮杜国家艺术文化中心是
一座使用暴露的金属结构框
架组建的"工具箱"式的建筑,
是"高技术风格"的代表作品。

成——关系和区别。其理论后来成了很多设计流派的思维模式和理论基础。受此理论影响"结构主义"把传统的建筑、家具、产品设计、平面设计等特征完全打散,变成最基本的几何单体,或称元素,按照构成规律或称为设计语法的原则进行重新组合,形成新的形态。

　　荷兰风格派的代表人物蒙德里安认为,真正的视觉艺术应该是通过物的有序运动而得到高度的平衡与协调,甚至通过数学的计算来达到设计的视觉平衡。由此观念发展起来的核心视觉因素,逐渐成为这场设计风格运动的主旨,由于他们创造了简洁的、理性的、数学统计的纵横直线形式和单纯的原色计划,于是"结构主义"风格的作品很快在欧美甚至全球范围内兴起。这些理论对于"现代主义"和"国际主义"来说,无疑是前卫的风格和形式。到了20世纪60年代末期到80年代后期,在西方文化界掀起了一股"解构潮",其中的代表人物是法国当代哲学家雅克·德里达。他对于吸纳了语言学中结构思想的结构派非常反感,认为"结构主义"毫无生气,对于结构派把单个部件关系的研究建立在对整体事物的认识基础上的思维模式也不以为然。在他看来个体部件本身就具有自身的含义,认为对于单独个体的研究比对于整体结构的研究更为重要,更能够反映出人类存在的真理。他对西方传统哲学的"解构",由于适应了当时的社会需要,很快被人们接受。其激进的反传统倾向思想,不仅在西方哲学内部掀起了一场思想革命,更对几乎所有的人文科学产生了深远的影响。以哲学思想为根基的美学观念与艺术发展之密切和直接是显而易见的,其解构之风同样影响到了设计界。作为后现代设计的一支,解构主义设计在建筑的空间与形式上较之其他后现代设计流派更注重在理念上对现代主义的消解。解构主义的思维向度是力图破除现代主义的一致性和统一性的话语,只承认多样性和非连续性,排斥单一性和凝聚力,而每个所谓的统一性都可以化解为多样性。因此,解构主义设计在形式上更多地运用错位、交叉、叠置和重组等手法来颠倒结构

图 2-25
华裔建筑师贝聿铭设计的美国国家美术馆东馆,被认为是20世纪最杰出的公共建筑之一,并赢得1979年美国建筑师学会的金奖

图2-26
[美国]菲利普·约翰逊设计的
AT&T电报大楼　是装饰主义
与现代主义的结合,折中式混
合采用历史风格,因此它成为
后现代主义的代表作　1978—
1984年

主义的主从关系,反对功能占主导地位的设计。一些"解构主义"的设计师在设计时把完整的"现代主义"的"结构主义"形式进行破碎、拆开、消解、否定、重组的处理,从而完全摆脱了"现代主义"和"国际主义"的所谓总体性和功能性细节,因而具有了更加丰富的形式感,比"现代主义"和"国际主义"千人一面,公式化的冷漠更具有人情味。解构主义设计的特征可归纳为五点:

(1)散乱:即支离破碎,结构零散,以传统程式参照,其形式、色彩、比例等方面的处理手法活跃而自由;

(2)残缺:即强调不完整状态,故意破损某些局部,使人的视线愕然达到一种美感的追求;

(3)突变:即以几种毫不相干的元素进行组合,有意制造"生

硬"和"突兀"的视觉感;

(4)失重:即用倾倒、扭曲、弯转等造型制造失稳的不安全状态;

(5)超常:即超越常规、标新立异,视反常为正常。

如果说"结构主义"夸大了结构的重要性,固化了结构的形式。那么"解构主义"一方面重视被解构了的个体部件,同时也不放弃原有的结构,这种折衷的处理,看似反叛了结构,而实质上反叛的不是结构,而是"结构主义"。这正好体现了德里达解构哲学的某些思想内核:"解构"并非为了彻底瓦解作品中原本的意义,而是要在结构中解开、析出其他意义,使一种意义不至于压制其他意义,从而让多义共生并存。近年来,经常出现的一些所谓"后解构主义"的作品。如盖里的"音乐体验""古根海姆"等工程,以及高技派大师福斯特的伦敦"市政厅"等;亚历山大·麦奎因甚至将服装和家居进行结合,设计出像桌椅板凳般的时装,挑战服装的定义空间。从他们的作品中可以看到纷乱无序的空间,以及变换无穷的流线形式等一系列让人不可名状的造型。解构主义在服装业的兴起,提出了"体形造就服装,服装改变体形"的口号,日本设计师三宅一生倡导的无结构设计模式,取代西方传统的紧身结构主义设

图2-27
西班牙建筑师波菲尔设计的巴黎雷瓦新城"宫殿、剧场和拱门"公寓群,被称为一首钢筋、水泥、玻璃的交响曲

计风格。以掰开、揉碎、再组合、形成奇突的无结构设计模式,开创了基于东方传统制衣技术模式的解构主义设计语言。

(五)绿色设计

绿色设计(Green Design)也称为生态设计(Ecological Design)。

狭义的绿色设计,是以绿色技术为前提的工业产品设计。广义的绿色设计,则从产品制造业延伸到与产品制造密切相关的产品包装、产品宣传及产品营销各个环节,并且进一步扩展至全社会的绿色服务意识、绿色文化意识等领域,是一个牵动着全社会的生产、消费与文化的整体行为。

绿色设计出现于新旧世纪交替之际,是20世纪现代主义设计之后转向新设计价值观的一种设计理念。主要源于人们对现代技术文化所引起的环境及生态破坏的反思,具有包豪斯理想主义设计观的思想基础,体现了设计师道德和社会责任心的回归。20世纪60年代,美国一些青年已经开始以一种嬉皮士的理想主义和反工业化的态度来表达一种绿色或环保的概念。80年代末,绿色成为社会的主题,工业界开始以法律的条文来保护环境。而将绿色概念应用于设计,是在20世纪90年代继现代主义设计之后转向新设计价值观的一种设计理念。这种理念主张设计应有助于营造更美好的生活环境,重新审视人类的不同生活方式、自然界与人类的共生方式等。使设计行为与自然环境、社会环境、文化需求相互融合而产生的生态体系,有助于满足人的生理和心理需要的同时,又注意人与自然环境的和谐共处。从而重新设定设计思路与方法论,重视节省资源与保护生态等自然界与社会的生态学方式,并重视被现代主义所忽略的风土人情及文化上的差异问题。

就设计思潮与社会发展思潮而言,在设计运动的各个发展环节中,绿色设计表现出其独有的面貌和属性。绿色设计不仅关注人的价值,而且关注自然的价值,它着眼于人与自然的生态平衡,是关于自然、社会与人的关系问题的思考在产品设计、生产、流通领域的表现。其核心是3R原则:减少原则(Reduce),即对生产、流通及消费环节进行整体的节约设计;再使用原则(Reuse),即设计时考虑让传统观念中的废弃产品及其零部件经过处理之后能继续被使用;再循环原则(Recycling),即设计应考虑产品材料的可回收性,将产品材料回收后再加工,形成新的材料资源,扩大其利用价值。具体表现为:以使用再生材料、减少材料消耗作为设计构想、制造、使用到废物回收利用的重要内容。德国的施奈特电子公司新近研制的"绿色电视机",其零部件回收率高达90%以上,从而拓展了产品的生命周期,降低了对环境的污染。为了节约资源和减轻对环境的负荷,日本政府在1995年就制定了《容器包装回收法》《推进循环性社会形成基本法》《废弃物处理法》等,明确规定了生产厂家和消费者有义务将各种包装废弃物回收,进行循环利用。这些法律的制定与实施对资源的有效利用以及环境保护起到了重要作用。生态设计的思想方法有如下特征:

(1)告别过去理性的设计理念,寻求返朴归真,并尝试设计与大自然融合、共生的理论与实践;

(2)以多元化的设计思维设计多元化、组合化的产品,实现设计的可持续性发展;

(3)将生产、流通、消费、废弃的单向生产方式转化为一种可以反复循环再生的生产模式;

(4)生产商与消费者的对立关系已经淡化,消费者参与生产过程的行为风行日盛;

(5)既成品设计的概念已淘汰,所有的商品以及使用环境都一直处于变化与成长的状态,设计也将开始处于成长、升级与改善的过程之中。

今天,人类社会的可持续性发展已成为一项极为紧迫的课题。因此,在产品设计领域,绿色设计成为可持续发展理论具体化的新思潮与新方法。产品从概念形成到生产、使用乃至废弃回收、重新利用及处理处置的各个阶段,都在绿色设计的范畴内。绿色设计将在重建人类良性的生态家园的过程中发挥积极的作用。

(六)适当设计

所谓"适当设计",英文为"Approprite Design",是国际工业设计界针对发展中国家应根据自己国情发展工业设计而提出的一种新的理念。他们认为由于资源、资金、技术和时间等条件都是极其有限的,一味"自由竞争"的做法,必然会导致资源枯竭、公害泛滥、人类生态和心态失去平衡的恶果。这已为当今世界有目共睹的"前车之鉴"。合理而适当地制定发展中国家的规划和政策,这是"适当设计"的根本保证。日本的著名的设计师三桥俊雄认为发展中国家在发展自己的工业设计时,除了会合理开发利用自己的显性资源外,还应同时合理开发利用和保护本地区的隐性资源。对"已有的""现有的"的生活形态,从历史的角度去进行审视,提出了"生活形态模式"。针对过去发展中国家的经济开发政策,往往是以取得最大的经济效益作为开发目标的,对此而必须付出的代价却未能引起足够的重视,如是否会扭曲当地居民的自然观、文化观,是否会中断这一地区的历史传统等,提出了"内发设计"的概念。当代人类的发展已日渐进入可持续发展阶段,把对环境的考虑与实际生产和消费从更深的观念层面上联系在一起,克服人们对物质主义偏执的追求,促使人们重新审视现代化进程,以探寻人类理想的生存方式和发展模式。20世纪50年代,沙特前国王费萨尔曾经说过:"在一代人的时间内,我们的坐骑就由骆驼换成了凯迪拉克,我担心下一代人又不得不卖掉凯迪拉克重新骑上骆驼。"这说明,在经济增长的过程中,自然资源所起的作用是相当有限的。人类在进行开发性设计时应充分考虑、正确处理人与自然环境的变量关系,求得与自然的和谐发展。

"适当设计"指出了人类只有继续坚持将设计的法则与自然规律有机地结合起来,我们的设计才是尊重自然、社会和人类自身发展规律,才能够沿着更广泛、更深入、更新颖的理想方向发展下去。这些观点从一定的角度和方面为发展中国家提供了可持续发展工业设计的理论根据。

(七)信息设计

信息的数字化技术是指利用传感技术、通讯技术和计算机技术来处理信息数据的技术,它包括了信息的产生、采集、检测、变换、存储、传递、处理、显示、识别、提取、控制和利用等方面。信息技术的发展和信息时代的到来,导致人类新的生活样式的产生,大量的虚拟形态走进了我们的生活,已经给艺术带来了冲击。在当今设计的领域中,对信息数字化技术的利用,其意义更具革命性。艺术与科学又历史性地走到了一起,而这一融合比先前要更为深刻。同时,也昭示着人类进入了信息设计时代。信息是事物表现的一种普遍形式,它包括了技术信息、语义信息和价值信息。信息设计也称作Info-design,是从20世纪90年代开始,随着电脑的普及、信息高速公路的建立与扩张,预示着一个新型社会——"信息社会"的来临。所谓信息社会就是指信息数字化生产所体现出来的后工业社会特征。在信息社会,社会生产、经济、文化的各个层面都发生了重大变革。法国设计学家马克·第亚尼认为:这一变革,反映了从一个基于制造和生产物质产品的社会向一个基于服务或非物质产品的社会的变化。对信息交往界面的研究由此也成为今天的一门新学问——信息设计。它的主要研究兴趣在于如何通过信息系统的内容、消费性的应用需求和艺术想象的通盘结合来进行工作,设计师们会成为一种生产"超级现实主义"形象的专家,他们的作品将不再指涉任何真实,而是建构强大的虚拟的真实,正是这一点,使得设计变得与过去和现在迥然不同:设计将放弃原先承接下来的物质性美化功能,转向非物质的视觉关注和信息的"人性化编码"。这种转变不仅扩大了设计的范围,使设计的功能和社会作为大为增强,而且导致了设计本质的变化。设计从范围、定义、本质、功能及至诸方面也可能发生重要变革,非物质主义设计理论的兴起即是其变革的内容之一。这里提到的非物质主义设计是以信息社会是一个"提供服务和非物质产品的社会"为前提,以"非物质"这个概念来表述未来设计发展的总趋势:即从物的设计转变为非物质的设计、从产品的设计转变为服务的设计、从占有产品转变为共享服务。非物质主义不拘泥于特定的技术、材料,而是对人类生活和消费方式进行重新规划,在更高层次上理解产品和服务,突破传统设计的作用领域去研究"人与非物"的关系,力图以更少的资源消耗和物质产出保证生活质量,达到可持续发展的目的。

由此可知,信息是非物质的,信息社会实际上就是所谓的非物质社会。从物质设计到非物质设计,是社会非物质过程的反映,也是设计本身发展的一个进步的上升形态,可归纳为:

手工业时代:物质设计(手工产品);手工造物方式;手工产品形态;

工业化时代:物质设计(工业产品);机器生产方式;工业产品形态;

信息时代:物质设计与非物质设计共存;工业产品与软件产品共存;机器生产方式与数字化生产方式共存;

信息设计与工业设计或平面设计、装潢设计等以一定的生产手段或对象区分的设计不同。它是利用"信息"这个概念跨越了不同领域或门类进行设计的,可以看作是由超媒体展开的软性的新设计领域。所谓超媒体,是将多媒体互动信息交流统一起来,将文本、图像、音响等静态或动态组合在一起,用丰富的互动的表现方法,将人类的思维与信息交流自由地联系起来,利用设计的方式和形式来表示、传送、集合、处理和传播信息,从而促进人类的思维和思考能力的扩大与交流的流畅和高度媒体化。另外,信息化系统的扩张对整个设计过程(问题的解决过程、构思的决定过程、展示等)产生影响,设计内容被信息化。这意味着与设计体系和程序的变化一起,在设计行为过程中的"设计语言"本身也在发生变化,即出现了以信息技术为基础的设计工具被各个领域共享的现象,设计领域间的界限也将消失。因此，信息设计开拓了认识与思维的新的可能性，人们将以全新的设计观来把握设计。在欧洲、美国和日本的设计教育改革中，开始引进信息设计作为今后主要的设计领域，我国一些高校也开始开设媒体设计等相关专业。

（八）人性化设计

人与自然的分离发生在2 500年前的古希腊。智者派的代表人物普罗泰戈拉喊出的响亮口号"人是万物的尺度"，以及苏格拉底的"认识你自己"，即是一个显著的标志，它标志着人的自我意识也即理性觉醒。14世纪开始发端于意大利的文艺复兴运动，席卷了整个欧洲，前后延续了二三百年。这场运动也被称为"人文主义运动"或"人本主义运动"。它要求尊重人的价值，关怀人的尊严。于是发端于18世纪的法国思想启蒙运动等，直接影响到了19世纪末20世纪初欧美广泛萌发的民主思想和知识分子理想主义，这一新思潮和新探索的特定背景，促成了后来的现代主义设计运动的出现，其基本精神就是民主与科学，使设计强烈地展示了科学技术带来的美好前景，并第一次使设计成为为大众服务的活动。

英国经济学家舒马赫在20世纪70年代初期，就非常明确地提出了技术的人性化问题，极力提倡"具有人性的技术"。芬兰建筑师阿尔托对此也提出了自己的看法："现代建筑最新的课题是要使合理的方法突破技术的范围而进入到人性与心理的领域"。美国设计家皮特·H穆勒（Mill）在《未来设计》一文中提出："21世纪的产品设计必须找到自己的路以实现其最终的目标——技术的人性化。"这表明现代设计必须建立在现代人的心理分析的原则基础上，因此"以人为本"的思想构成了现代设计中最具有价值的取向，人是一切价值的尺度、根据和创造者。

"为人的设计"观念使设计者开始把更多的目光从产品转移到产品的使用者——人本身。如何设计出更加人性化的产品，"为人类创造更合理的生存方式"，包括无障碍设计等，成为现当代的一个重要的主题。

设计要满足人生存生活的基本需要，而要准确地判断人对产品的使用目的，最根本的自然是要研究作为特定社会、特定时代、特定环境、特定条件、特定时间范畴内的"人"，才有可能认识到这样一种非常具体的人的需求、动作、行为、心理等。与之相关联的，便是设计中的人性化。在未来设计中，对于设计人性化的考虑主要体现在两个方面，即人的感情（或情感）和人的感觉。未来学家约翰·奈斯比特在他的《大趋势——改变我们生活的十个新方向》

图2-28
平衡调节坐椅　［丹麦］彼得·
奥普斯维克　1968年

一书中认为:随着工业化及工业技术的发展,电脑的普及、住宅智能化、办公与生活的自动化程度的提高,人与人之间真正的沟通会越来越少,这种情感的失衡必然会带来某种社会危机。因而,在未来的设计中,情感的追回与平衡,或者说是具有人情味的设计将会成为设计发展的趋势。

至于人性化设计中的感觉设计,则是考虑人的感觉特性的设计,如考虑人的视觉、听觉、味觉、触觉等。这种设计产生的原因一方面是由于人类感觉本身的复杂性,从而为未来的设计提供了广阔的发展空间;另一方面,则与20世纪90年代在发达国家出现的"体验经济"有关,同时也与人性化设计思潮有关。日本设计师内田繁敏认为,20世纪产生的物质主义时代观,将向物与物之间相关联的柔软的创造性时代转换,这是从"物"向"事"的变化,是"心和关系"的发展,也就是说,是从"物质"的时代向"关系(心)"的时代转变,今后的设计将更加重视非物质的,关注人类精神的设计,将更趋向综合性的设计方法。

第三章　设计学的基本理论

第一节　设计的含义

　　伴随工业革命的开始,近代都市的出现,人类社会迎来了标准化、机械化的大批量生产时代,这也迫使设计从制造业中分离出来,成为一种独立的职业,职业化标示着"设计"承担着比"生产"更加重要的任务和责任。传统手工业时代的作坊主和工匠既是设计者又是制作者,甚至还是销售者和使用者。工业革命后,从制造业中独立出来的设计,经过再分工,形成造型与功能设计两部分。设计师担任外观造型设计,而产品的内在功能则由工程师负责。同时,设计还必须考虑分工形式下的生产的、使用的、社会的各个方面的因素加以统筹。直到20世纪20年代,"设计"在发展中才逐渐形成了一门现代意义上的学科概念。

　　设计(Design)就是设想、运筹、计划与预算,它是人类实现某种特定目的而进行的创造性活动。《现代汉语词典》将其定义为:"在正式做某件工作之前,根据一定目的的要求,预先制定方法、图样等。"

　　"设计是一种设想、一种目标以及为实现这种设想和目标所实施的一系列策划方式和实施方式。"

　　故设计的核心内容应包括三个阶段:

图3-1
贝聿铭设计的苏州博物馆
2006年

图3-2
日本茶道器具设计

1.计划、构思的形成。

在拉丁语中设计的第一层含义是设想、计划(dessein)，包括对使用对象的技术支持。

2.把计划、构思、设想、解决问题的方式利用视觉的传达方式表现出来，如图纸、制作效果图、模型等。

拉丁语中设计的第二层含义是指视觉化的表达(dessin)，它必须在确定了设想的基础上提供图像和文字文本的说明以及下一步的实施蓝图。

3.将设计的方案实施完成。

图3-3
微型轿车设计

对于设计的含义，可以将"设计"一词作动词和名词两种解释。从动词的意义上理解，"设计"是指人类对事物规划、构想、研究的活动和过程；从名词的意义上理解，"设计"是指人类对事物构想、研究的结果或成果，是设计的"物化"。因此，研究设计和认识设计就应包含"过程"和"结果"这两层含义：

第一，是设计的过程，即设计的来源，设计的形成、发展的运动过程及其设计方法论等问题；

第二，是设计的结果，即设计的性质，不同设计的区别及其与社会、经济、文化的关系等问题。

图3-4
招贴设计　[日本]粟津浩

前者是"描述性"的，即对设计发生、发展、完成的过程的研究，解决"怎样设计"(HOW)的问题，其中涉及诸如方法论、设计程序和创造性思维等问题；后者是"规范性"的，即对设计的社会、经济和文化关系的研究，解决"怎样设计"(WHY)的问题，即设计的社会、经济和文化的价值判断等问题，两者结合构成了设计的理论体系。

关于设计是属于工科还是属于文科，其区别在于工学设计是解决人造物，如：机械、设备中的物与物之间的关系问题，它要解决的是产品的功能和大生产的联系，设计的结果便于人

图3-5
贝聿铭的"桃花园"MIHO美术馆设计

们使用;而工业设计则是解决人造物与人之间的关系问题,比如汽车的安全性、舒适性、美观性等问题。共同点都是以产品生产为对象而进行的设计,不同点在于工学设计是非视觉要素,而工业设计是以造型行为为主,以视觉效果为基本特征的设计。在企业一般分为技术导向型(以所掌握的技术核心要素为其创新的实现奠定基础)、用户导向型(建立在成熟的技术条件和生产基础上)和设计导向型(由设计创造为主导因素)三种创新方式,它也包含了设计师或企业家对用户体验独特的视觉和经验感知的积累。但无论设计是技术导向型、用户导向型还是设计导向型,各自存在相互依存的关系,如果能上升到设计战略角度的设计导向型创新对企业的总体竞争和优势将发挥重要的引领作用。

设计的定义是对设计的含义作规范性的描述,有许多不同的视角和观点。现将具代表性的设计定义大致归纳如下:

"设计是围绕目标的求解活动。"(Archer阿切尔:《设计者运用的系统方法》)问题求解是一种重要的思维活动,是心理学研究的一个重要课题。用问题求解的概念定义设计,意味着评价和判断设计的标准是设计思维过程的合理性和目的性。

"设计是高风险、高不确定条件下的决策过程。"(Asimow阿西莫夫《设计导论》)设计的本质特征的"多方案选择",单一方案的设计不是真正意义上的设计。用决策的概念定义设计,使评价和判断设计成为价值权衡的过程。

图3-6
日本东京街头广告

图3-7
非限定性公共空间——商场
室内设计

"设计是一种实际工作,涉及到物质生产的整个过程,在使用、废弃、再生产的循环过程中创造文化内涵。它通过独特的创造赋予事物以人文主义、社会、艺术、工业、经济的内涵,以此创造与物质相关的体系。"[①]提出了与产品密切相关的设计生态、设计文化、

---

① 荣久庵宪司.21世纪工业设计[M]. 北京工业设计促进会,2000.9.

设计经济、非物质性等概念和意义。

　　"设计是拿出使人满意的产品。"（Gregory 葛雷佳利：《设计方法》）设计的最高准则是"使人满意"。"设计以人为本"反映了以人为核心的设计理念。

　　"设计是表达一种精粹信念的活动。"（Jones 乔尼斯：《设计方法综览》）丰富的设计个性风格和表达方式，同样是设计的灵魂。设计与一切艺术活动相同，必将反映出设计者的思想、情感和技艺水平。

　　"设计是从客观现实向未来可能富有想象力的跨越。"（Page 佩奇：《给人用的建筑》）"富有想象力的跨越"是把灵感和顿悟当作设计的灵魂。从设计教育的角度来讲，诸如知识、技法和史论是可以传授的，而"设计"只能交流或启发，不能传授。所谓"师傅领进门，修行在个人"。

　　"设计是为赋予有意义的次序所作的有意识和有动机的努力。"（Victor Papanek 维克多·巴巴纳克《为真实世界的设计》）对设计的定义重点在于设计的观念上，认为设计是把一个观念、一个思想、一个计划、通过某种视觉的方式表现出来。"设计是有机智的努力"，表示设计除了冷静的思考（意识）之外，还应该具有机智和人的灵感。

　　"设计是从无到有的创造，创造新的、有用的事物。"（Reswick 李斯威克：《工程设计中心简介》）自然科学关心事物的本来面貌，

图3-8
日本路牌广告

而设计则关心事物应当怎样。科学要研究已有的东西,设计则要创造新的东西。

"设计是一种社会——文化活动。"(迪尔若特:《超越"科学"和"反科学"的设计哲理》)一方面,设计是独创性的,类似于感性的艺术活动。另一方面,它又是条理性的,类似于理性的科学活动。人不仅是"自然存在物",更重要的是,人是社会的人,文化的人。因此,设计不能不是一种社会——文化活动。

"设计不是一种技能,而是捕捉事物本质的感觉能力与体察能力。"(原研哉:《设计中的设计》)在这里,设计品是内在的人际交流,在现实生活中完成某种内在的"人文关怀"。

"设计是一种造型符号的分析、选择和组合过程。"(包林:《设计的视野》)从符号学的角度讲,由于人们对造型符号的理解只能依靠社会现存的编码结构,设计必须使其结果通俗易懂,具有诱惑力、时尚感,使人喜欢它、渴求它。设计最大的生存发展经验是"合目的性",它涉及对目标的预设,为达到目标必须在行动之前设定计划并判断是否可行。

"设计,是我们追求理想生活的一种方式。"(朱红文:《工业·技术与设计》)可以说,人类生存的美、生存的合理性以及人类的未来命运,都与设计的理念以及设计的方式有根本的联系。

"'设计'首先是行为方式的选择和规范。"(许平:《设计的现代性》)反映了"设计"作为一种有目的的创造行为的心理倾向,反映

9 | 10 / 11

图 3-9
展示瓶 [法]詹妮波尔·伽提亚设计 1991 年

图 3-10
扶手椅 [法]F.圣菲尔设计 1981—1982 年

图 3-11
"Elika"(Cinova)乔治亚罗设计的家具 将舒适性作为椅子设计的主要原则,不同寻常地结合传统和现代的元素 2005 年

了人群中先天地存在着对于理性和秩序感的追求和向往。它构成了古代造物文明绵延发展数千年的一种最基本的心理动机。

通过以上对设计定义的介绍，我们可以比较容易地筛选出设计的某些本质属性。其形式既包含了设计的主体——人，设计的对象——物，以及设计的过程与文化环境。设计的哲学既包含了客观知识也包含了主观精神，因而设计是人类科学技术、社会经济、美学艺术综合有机统一的创造性活动。

事实上，对于"DESIGN"（设计）的语义解读，在不同的历史年代及不同的文化背景下有着完全不同的内涵。传统的工业设计教育更关注于造型、形式、语义、功能、材料、制造，工业设计一直被狭义地理解为工业产品设计。20世纪50年代的日本，由松下电器率先设立制品意匠课，此后，家电和汽车企业陆续成立了设计部门。当时工业设计的目标是外观造型和人体工程学；60年代，工业设计的目标是进行标准化、合理化的设计。设计部门与技术部门关系密切，并开始参与市场调查和产品计划；70年代，由于消费品普及率高，消费意识转向生活质量。工业设计的目标开始体现产品的本质价值，关心生活和环境。到了80年代，很多产品领域的市场成熟化，多品种小批量生产成为主流。工业设计被视作商品附加价值化和差别化的方法，使设计的作用扩大到商品计划业务和销售流通业务，对市场动向和销售战略保持高度敏感，对产品的研发、系列商品的开发发挥了很大的作用。90年代，通过研究生活趋势，提高中长期的开发能力，设计开始注重在企业战略基础上的商品战略和设计战略的研究，包括战略立案、产品计划、技术开发、产品开发、生产、营销等方面。从以上过程可以看出，设计的概念和作用是一个动态的发展过程，是不断改变、不断丰富、不断成熟的过程。从发生学的角度讲，设计的现代性是设计在向着现代社会所

图3-12
凯斯·赫尔菲特设计的美洲虎
F型概念跑车　2000年

需要的形态与机制嬗变的历史过程。

今天，如果我们对工业设计的特点做一归纳的话，其中包含了前沿、边缘、联接、跨界、交叉、综合、创造、协调、交互、服务和体验等关键词，被认为是现代设计的核心部分。

进入21世纪以来，随着科技和社会发展的巨大变革，国际国内的设计观念也在不断地更新，人们已深刻地认识到，随着设计内涵的不断深化、外延的不断扩大，设计学的研究已经不再拘泥于设计产品的功能和形式的阐释，而是走向了跨学科综合系统的分析。设计的范围也涉入了产品结构、产业结构、生态平衡——产业链和生存环境、生存方式和伦理道德——和谐社会的范畴了。它包括了资本、政策、科技、机制、管理、大众文化、可持续性等力量在内的彼此满足。因此，在这里追问设计是艺术还是科学已经没有意义。"设计"一词的词源意义已经包含了对这一问题的潜在答案。

在这里，设计领域的特性就是综合了多种学科领域的知识创造出的可行性解决方案，所以有必要同其他学科进行有机的协调和交流，通过各种庞大的知识体系的相互作用了解设计的意义和价值，以便形成新的学科体系，为设计活动提供合理的、客观的依据。

13	14	15	16
17		18	

图3-13
丹麦设计师汉宁森"PH"灯具设计

图3-14
书籍装帧设计

图3-15
时尚手表设计

图3-16
酒吧招贴设计

图3-17
餐具设计　［意大利］里诺·塞马提尼

图3-18
百事可乐标志设计

从系统思维的角度认识设计,是现代社会对设计的要求。现在,人们对设计解决问题的范围,对设计的功能及定义的理解已经非常广泛和复杂,它包含了观念、构想、计划、机制、管理、政策、文化、可持续性、生存方式等内容。因此,设计不再是单纯解决一般意义上的"设计"本体范畴的设计工作,而已成为参与构建公共社会生活的过程和成为提高人类生活品质的综合手段。设计的概念已不是单纯的科学、经济、艺术的笼统相加之和,而是从单一、具体的产品设计范畴转向系统,整合的概念,在这个整体的战略或系统中,设计的概念已经随着社会的发展,渐渐地纳入了战略性、系统性和设计管理的内容,并以此更加全面而规范地为实现设计的综合价值提供坚实的理论依据。

第二节　设计的形态范畴

设计学科分类研究是设计学科的重要组成部分。科学的分类不仅使人了解事物的体系和脉络,也有助于对其本质的认识。根据设计的类型,或不同的对象大致可分为以下几类：

(1)现代建筑设计、室内设计、展示设计、景观环境设计;

(2)工业设计,包括电器产品设计、交通工具设计、家具设计等;

(3)平面设计,包括包装设计、书籍装帧、海报、标志、字体、版式,以及企业形象设计,简称CI设计;

(4)纺织品设计、时装设计;

(5)传统手工艺设计;

(6)媒体设计,包括影像设计、网页设计、交互设计等;

(7)设计管理与策划。

按照构成世界之三大要素"自然——人——社会"作为设计体系的分类依据,可概分为与人的衣、食、住、行有关的生活用品设计;产品的包装、销售方式、宣传、展示等视觉信息传播设计;通过空间环境设计改善人类生存条件的环境艺术设计,即：

(1)产品设计：

A.工业设计(包括大批量的产品设计、传统工艺设计、产业工艺设计)

B.时装设计(包括服装设计、纺织品设计、装饰设计、美容设计)

（2）视觉传达设计：

A.视觉设计（包括广告设计、展示设计、包装设计、编辑设计、数码媒体设计）

B.影视设计（包括电视设计、电影设计）

（3）空间设计：

A.环境景观设计

B.城市设计

C.建筑设计（包括室内装饰设计、建筑外观设计）

（4）综合设计

除上述大的分类外，还可进一步细分，如建筑与环境设计又可分为城市规划设计、社区规划设计、住宅规划设计、商业建筑设计、住宅建筑设计、室内设计、园林设计等；产品设计可分为交通工具设计、电器产品设计、家具设计、工具设计、玩具设计等；视觉传达设计又可分为平面图形设计、包装设计、企业形象（VI）设计、公共标志设计、书籍装帧设计、新媒体艺术设计等。

一、工业产品设计

工业设计是由英文Industrial Design翻译而来。简称ID，最早出现于20世纪初的美国，在第二次世界大战后广为流行。

国际工业设计协会（ICSID）：工业设计是指在现代工业化生产条件下，运用科学技术与艺术方式进行产品设计的一种创造性方法，其目的是为物品、过程、服务以及它们在整个生命周期中构成的系统建立起多方面的品质。

美国工业设计协会（IDSA）：工业设计为使用者和生产者双方的利益而对产品和产品系列的外形、功能和使用价值进行优选，是技术、艺术与文化转化为生产力的核心环节，也是现代服务业的重要组成部分。

1980年，巴黎国际学术年会对工业设计定义的权威论述是："就批量生产的工业产品而言，凭借训练、技术知识、经验、视觉及心理感受，而赋予产品材料、结构、构造、形态、色彩、表面加工、装饰以新的品质和规格，叫做工业设计。根据当时的具体情况，工业设计师应在上述工业产品全部侧面或其中几个侧面进行工作，而且，当需要工业设计师对包装、宣传、展示、市场开发等问题付出自己的技术知识和经验以及视觉评价能力时，这也属于工业设计的范畴。"从定义的内容看，首先指出了设计的创造性质和意义；第二，注重产品的内部结构、功能和外观形态的统一；第三，对设计师的工作范围和职业要求、从业素质作出了明确的规定，强调了设计师对设计、生产、营销各个环节的重要作用。

国际工业设计协会联合会对工业设计的任务做的定义是:

(1)增强全球可持续性发展和环境保护(全球性道德规范);

(2)给全人类社会、个人和集体带来利益和自由;

(3)兼顾最终用户、制造者和市场经营者的利益(社会道德规范);

(4)在全球化背景下支持文化的多样性(文化道德规范);

(5)赋予产品、服务和系统以表现性的形式(语义学)并与它们的内涵相协调(美学)。

1950年美国人麦德华、考夫曼·琼尼在《论现代设计》[①]的书中提出了十二条注意事项:

(1)现代设计应满足现代生活的实际需要;

(2)现代设计应体现时代精神;

(3)现代设计应从不断发展的纯美术与纯科学中吸取营养;

(4)现代设计应灵活运用新材料、新技术,并使其得到发展;

(5)现代设计应通过运用适当的材料和技术手段,不断丰富产品的造型、肌理、色彩等效果;

(6)现代设计应明确表达对象的意图,绝不能模棱两可;

(7)现代设计应体现使用材料所具备的区别于他种材料的特性及美感;

(8)现代设计须明确表达产品的制作方法,不能使用表面可行,实际却不能批量生产的欺骗行为;

(9)现代设计在实用、材料、工艺的表现手法上,应给人以视觉上的整体感;

(10)现代设计应给人以单纯洁静的美感,避免繁琐的处理;

(11)现代设计必须要熟悉和掌握机械设备的功能;

(12)现代设计在追求豪华情调的同时,必须顾及消费者节制的欲求及价格问题,环保问题。

工业设计是在人类社会文明高度发展过程中,与大工业生产的技术、艺术和经济相组合的产物,它包括了社会科学、自然科学中众多的学科知识,如应用物理学、材料学、数学、生理学、心理学、设计美学、市场学、价值工程学、系统论、信息论等,是工业时代最为显著的一门边缘学科。它不仅在市场竞争中起着决定性的作用,而且对人类社会生活的各个方面产生着巨大的影响。

由于工业设计是由工业设计师、结构工程师、模型工程师、市

———————

①见丰克平.现代设计在日本的产生和发展[J].美术译丛,1988(1).

图3-19
从刚开始的概念草图，可以看到大众的哲学、表现和技术 2005年

场分析师、环境工程师、环保工程师等专家集团组成的共同劳动，其本身就形成了一种特殊竞争力。设计师们基于他们对技术、产品、市场、消费者、购买力、价格水平、生活习惯等的科学把握、开发，以便设计出一大批具有竞争力的产品。其中既包括汽车、火车、轻轨、舰船、飞机、航天器等大型交通运输工具和生产机械、工业装备等产品的设计，也包括日常生活用品的设计，如：家用电器、日用器皿、家具、灯具、玩具、五金工具等的设计。

按设计的性质划分，工业设计一般分成四个层次。

（1）式样设计：主要针对人们的行为和生活理想的研究。研究现有的生产技术、材料和应用，包括与工程师相配合设计的产品外形；研究消费市场，设计出超越现有水平，满足未来人们对新生活方式所需的产品。

（2）改良设计：研究人们行为的种种难点和新增加的要求，结合科学技术的新发展，独自或与工程师一起改进原有产品以适应和引导时尚潮流。

（3）开发设计：深入地体验生活、洞察研究各种细节，通过联想或移植开发新产品。独自或与工程师一起创造现实中还未曾有的产品，以提高工作效率、丰富人民的生活。

（4）概念设计：是对未来从根本概念出发的设计。概念设计可以不考虑现有生活水平、技术和材料，在设计师预见能力所达到的范围来思考人们的未来，从而超越当前水平、推出数年后人们新的生活方式所需产品。

也有将工业设计分为三个层次，即产品改良设计、产品开发设计和服务系统设计。

工业设计专业的核心工作被认为是产品的系统设计。因此，它是产品概念设计和产品造型设计的综合体。产品概念设计包括市场调研、人机调研、技术调研、文化调研、造型调研、法律法规和最终的产品定位。产品造型设计包括产品方案构思、产品结构设计、产品色彩与标识设计、产品造型材料与工艺设计，以及人机工程、价值工程评价等过程。

柳冠中先生在《设计文化论》一书中指出：工业设计的目的是为人服务的。人一方面属于生物范畴，另一方面又属于社会范畴。因此，人的需要就有其双重的含义，从而决定了工业设计所要研究的基本内容。

（1）作为"生物"的人对物的需要必须从下列三个方面进行研究：

①研究作为物质的人的生理特点——人体计量学、解剖学、人间工学、行为科学等，使设计的产品与环境满足人的生理上需求及不断发展的新生活、工作方式的需要。

②研究形成产品与环境的诸因素——材料、构造、工艺技术、价值分析、环境保护等，使产品与环境符合人的需求。

③研究产品的流通方式与结构——包装、广告、陈列、展示、信息传递特点，沟通人与产品的反馈系统。

（2）作为"社会"的人对物和环境的需要，必须研究以下三个方面的因素：

①审美功能——研究不同职业、性别、年龄、地域、民族的人或集团、阶层对造型、色彩的心理感受，受传统习俗的影响以及演变、发展的趋势。

②象征功能——研究人类的行为生存方式、理想、道德、哲学、社会学对人类心理的影响。

③教育功能——研究语义学、伦理学、教育学、心理学、把设计作为现代信息社会学习的新方式来思考、试验。

日本千叶大学著名学者宫崎清教授在介绍日本经济发展的过程时，谈到日本产业振兴和经济增长有三要诀：一是艰苦奋斗的民族精神；二是领先一步的工业设计；三是不断完善的经济政策。这三者相辅相成，其中，工业设计对日本经济的起飞发挥了巨大的推动作用。而韩国作为领土不到10万平方千米，人口不到4 800万的亚洲国家，在全球的TFT-LCD、造船业排名世界第一；半导体、电子业世界第三；数码电子产业世界第四；汽车产业排名世界第六……韩国不是资源丰富的国家，但是韩国的民族工业强大，有现代、三星、LG等成功的民族品牌。在韩国的公路上90%以上都是韩国车。反思我国各地方奉行多年的"以市场换技术"的产业政策，造成国内销售的车90%都是合资工厂制造，汽车工业以市场并未换来核心技术，换来的仅仅是充当外方加工部门的"上岗证"。到目前为止，汽车业对外技术依存度还超过80%，因此，自主创新已成为对"市场换技术"的战略反思。北京大学政府管理学院教授路风认为,自主创新的提出,与后WTO时代中国面临的基本格局有关。回视1949年至今,中国经历了封闭状态下的自力更生;开放形势下的市场换技术;开放格局下的自主创新。当下,中国已踏上了第三阶段的起点。显然,设计的创新与技术的创新应当是同步发展的。

工业设计被认为具有核心竞争力,还因为它可以科学地配置资源,投资少,见效快。据测算,工业品外观每投入1美元,可带来1 500美元的收益。日本日立公司的数据则更具说服力,该公司每增加1 000亿日元的销售收入,工业设计所占的作用占51%,而设备改造的作用只占12%,显而易见,工业设计的主旨同可持续发展战略是一脉相通的。今天的工业产品已早就不是简单的功能或技术性产品,一件产品的成功,取决于三方面的因素:先进的技术、独特的商业模式再加上优秀的设计。技术决定了产品所能够提供给顾客的功能服务,商业模式决定了产品的营销策略或者盈利的方法,而设计则决定了如何把产品的功能或服务提供给顾客,它包括产品或服务的外形、产品与顾客的交互界面,产品所体现的社会符号象征,产品的情感吸引力,以及顾客在与产品和服务交互时的所有体验。工业设计也将从"给产品以形状"转变为"给体验以形状"。由此可见,在21世纪,工业设计将成为企业生存的关键和核心。

与工业产品设计对应的是传统的手工艺产品设计,也称工艺美术设计(Craft Design)。自人类的造物创造物质文明以来,直至工业革命初期的漫长岁月里,人类的造物活动,始终保持着传统的手工艺手段。进入现代社会后,采用传统的手工艺制作实用产品的生产手段再也无法满足人们日益增长的物质需求,终于导致了产业革命,以工业化手段对实用产品的生产,同时也导致了生产实用产品的手工艺的日渐式微。手工艺遂不可避免地分解为两个部分:一部分仍然保留传统的技艺,生产具有纯欣赏价值的工艺产品来满足一个特殊而固定的市场需求;另一部分手工艺,因为其特殊性或其他原因,会一直保持其独有的生产方式,以生产大工业无法达到的一些领域。由于传统工艺的原因,它可以表达人性中那些最细腻、最丰富也是最具韵致的东西,故与工业设计分别取得了极高的,但性质完全不同的文化价值。

图3-20

[日] 高桥善丸包装设计作品

二、视觉传达设计

人们经常习惯用"传情达意"来表述自己的观点和意念,这是人类文明发展所延续下来的传统方式。早在远古时代,我们的祖先就学会了用火、岩画、象形文字等可视方式来传递信息,表达情感。随着人类社会发展进程的不断演进,视觉传达形式也由原始的、简单的传达手段,逐渐发展变化形成了具有时代特点的视觉传达语言。尤其是在当今信息化社会中,传达方式和传达媒体的迅速发展,就越来越促使人们对其进行更加深入的研究。对于信息传达而言,它已经集造型、语言文字、传播、社会、市场、心理、生理、物理、符号、美学、哲学等诸学科为一体,形成一种包容性极广的文化现象。

20世纪文化的特点是,扩大了图形、图像、摄影、电影、电视等影像的视觉世界。今天,这些同使用声音与文字传达内容的语言一起成为传达信息的重要媒体。这些媒体在依靠视觉的造型要素的基础上,可以成为另一种语言。这种意念特别是在G.柯佩修的著作《视觉语言》出版之后,成为了备受重视的设计课题。在书中他提出为了确立视觉语言的概念,必须弄清楚包括视觉传达功能和设计的造型性等问题在内的造型语言的单元及其形式法则的原理。视觉传达设计是源于视觉,诉诸视觉的艺术。传达(Communication),源于拉丁语,其本意为"给予"和"沟通"的意思。而视觉传达就是以视觉可以认知的表现形式传递信息的过程。由英文Visuel Communication Design 直译而来,也称图形设计(Graphic Design),是指将造型要素构成的信息,借助于视觉的形式,加以传递为目的的设计,简称视觉设计。如近年来出现的信息设计、媒体设计等,它包括由文案、图形、色彩、版面编排等组成的传达内容,以广播、报纸、电视、杂志等形成的传达媒体和不同身份构成的特定传达受众三个部分。

视觉传达设计的分类,从造型的角度可分为二维空间的平面设计,如文字、图形、图像、色彩、版式编排等;三维空间的立体设计,如包装、陈列、展示等;四维空间的时间设计,如电视演播、网络技术、数字电影、多媒体广告短片、媒体动画、舞台设计等。

视觉传达的形式可分为电波形式、平面形式、空间展示形式、动感传达形式等。电波形式是目前视觉传达的主要形式,其中包括电视、影视(CD、VCD、MD)、电影、动画、网络、电子游戏、电子模拟器等;平面传达形式一度曾是最普遍的视觉传达形式,它主要是通过印刷、喷绘、手工绘制、剪贴等手段完成的传达形式;空间展示

图3-21
科罗曼·莫塞为第十三届维也纳分离派展览设计的海报
1902年

图3-22
Hanson"G-2"滑雪鞋　乔治
亚罗像设计汽车一样追求滑
雪鞋的速度感、功能性和人机
的舒适度　2005年

形式包含了对于展览、销售空间和人们生活空间的视觉传达等;动感传达形式主要利用动态中的情景给人造成新奇的视觉效果,如热气球广告、电子大屏幕广告、节日的烟火艺术、变幻的霓虹灯等。

　　从传达的目的来讲,可分为以处理商业信息为主的商业设计和表现社会公益内容的公共设计。

　　关于视觉传达的理论研究具有多方面的意义,通过对视觉传达发展历史的研究,可以了解视觉传达对人类社会发展的作用,尤其是人类经济即商品流通和促进商品更新的作用具有重要意义。对视觉传达现状的研究,可以从商品信息、生活趋势和消费行为的科学性等方面提供有效的参数,并对未来的预测有实际的前瞻价值。运用经济学、传播学和美学的分析方法研究视觉传达是较为普遍的、常用的形式,其中经济学的研究主要将视觉传达设计作为一种经济现象,利用经济学的基本原理,对视觉传达在市场经济中的作用加以研究。利用美学原理对视觉传达的研究是从视觉传达的艺术性(即美的创造和美的欣赏)方面进行研究。概括起来主要从以下几个方面进行研究:

　　(1)社会学。由于视觉传达设计对社会意识会产生潜在的影响,尤其在现代化、信息化的社会形成之后,视觉传达设计已成为社会信息沟通的重要手段。因此,从社会学的角度进行研究,对于全面、科学地掌握研究视觉传达设计对社会的作用是十分重要的。

　　(2)心理学。在研究视觉传达的过程中,从心理学的角度研究传达的内容和创意是如何被认知的,它如何影响受众的心理和行为等。在此方面,创造心理学、社会心理学、消费心理学等领域所做的研究最为突出。近年来,对认知心理学在视觉传达的科学性和科学的表现传达信息方面的研究十分引人注目。

　　(3)设计美学。从美学的角度对视觉传达设计进行研究,主要是从视觉传达设计的表现方式和艺术性方面进行研究,通过运用美学原理来创造视觉传达设计的艺术魅力,提高设计作品的审美性是其主要的研究方面之一。

(4)统计学。主要针对市场及消费者调查的基础数据进行的统计处理,它可以使视觉传达设计建立在科学数据的基础之上,为广告策划、表现和发布方式、媒体的选择等提供可以实施的依据。包括对实施效果反馈信息的统计。

(5)信息传播学。视觉传达设计是一种社会信息形态,应研究它作为信息符号意义的传递与理解过程,以及如何利用新的信息传播技术,开发新的视觉传达设计的表现方式等都是十分重要的研究领域。

(6)市场学。视觉传达设计是市场经济的产物。从市场学的角度研究企业、产品及市场运作中视觉传达设计的作用,尤其是把视觉传达设计作为企业经济发展,提高企业知名度和产品附加值的重要手段来研究,甚为重要。

视觉传达设计在商品流通领域是沟通企业—商品—消费者的桥梁。随着经济的发展,市场的竞争加剧,企业在注重产品质量的同时,不惜斥巨资改进商品的包装、加大广告的投入以及制订自己的营销战略,以此确立自身的品牌形象。这促使设计以独特的创意、精确的定位、新颖的手法、完美的形式和传达,为企业服务。目的是为企业创造更高的经济、社会效益。同时,人类文化、精神追求,也促使视觉传达设计自觉地提高其水准和品位,渗透于各种媒介,以满足时代的需求和推动社会的进步与文明。

三、环境艺术设计

环境艺术设计是指为社会公众创造更好的生存、生活、发展环境为目的的整体设计,是营造理想生活空间的设计行为和设计方法。由于人类生活是多方面的,与人类生活相关联的空间及其中的物质性环境设施便是一个涉及面很宽的领域。从个人空间到公共空间,从一个地域到一个城市,近年来人类还把自己生活的触角伸向了宇宙。人类的生活环境是由规模、功能与主观价值各异的各种建筑物、各种设施与各类器械装备等多种物质要素周密地构成的,它们作为一个相互关联的系统不仅对维持现代人生活起着直接作用,同时也体现了浓厚的时代文化特征。

环境艺术设计的特征在于其跨越多种学科的综合性和协调各个构成要素之间的整体性。它涉及自然科学、人文科学之知识技术整合,以及艺术美学之应用,系属跨领域学科,范畴相当广泛。

环境艺术在对象、空间、时间上的广泛性,决定了它具有许多其他艺术门类不具备的特点。它是由多种艺术组成的有机整体。

环境艺术是以源自人类生活文明,涉及生活美学、艺术休闲之空间发展,其历史已有数千年,但我国作为学科建设的时间并不长。这一专业在20世纪90年代以前称为"室内设计",按照中国传统的词汇与解释即所谓"陈设"。随着设计艺术学科的形成与成熟、设计概念的广义化和深度化,以及人们对室内环境与室外环境一体化的要求,形成了对室内外环境作整体设计的思想,采用"环境艺术设计"以取代"室内设计"的专业名称,即是现代整体设计思想的产物。

环境设计是以自然环境为立足点,通过空间规划、设计和景观建设,以各种艺术手段和技术手段,充分满足人的需求,并协调自然、社会和人之间的关系,以达到创造优质的生存和生活环境为目的。它包括的范围有建筑设计、室内环境设计、室外景观环境设计、雕塑、壁画、园林设计、广场设计、道路桥梁及附属设备围绕建筑主体的相关外界等方面的环境设计,城市规划设计也属于这一范畴。

环境艺术设计的性质决定了它是一门覆盖面极宽的综合性交叉学科。它是建筑学、环境工程、行为科学、环境心理学、土木工程、人文社会科学、艺术与其他设计学科等的有机综合,是关于自然、人工环境与人的生活整合的系统科学。随着科学技术的不断发展,人类生活面的不断拓宽,环境艺术设计也将不断展宽自己的学科覆盖面。

其理论研究主要包括以下几个方面:

(1)环境生态学研究:研究人与自然的协调关系,即人工环境与自然环境的相互渗透和协调共生,强调环境设计的生态价值取向和生态意义,以符合人类环境可持续发展的设计原则。包括了自然生态、人文生态和人工生态的研究。

(2)环境技术科学研究:人体工学、建筑学、结构工程学、电气工程学、材料学、植物学、光学、声学、气候学、地质学等研究。

(3)形态美学研究:环境感知与艺术学研究。包括室内、室外空间环境(点、线、面、体、色彩、质地、构件、视觉符号、形态造型的比例、尺度与空间组织等)的视觉美学的研究。

(4)环境行为文化研究:哲学、文化人类学、环境行为学、社会学、环境心理学、经济学和管理学等学科的交叉领域的研究,包括民族和地域文化的研究。

环境设计在表达时代的审美追求、科学技术的发展水平以及人们的生活观念方面,有着代表性意义。因此,建立可持续发展的、生态的、人文的环境艺术,将成为环境艺术设计理论建设和社会实践的未来发展方向。

四、纺织品、服装设计

纺织品设计包括了印染和制造两部分。从国际纺织印染业的发展来看,这个行业的三大支柱是:服饰纺织品、装饰纺织品和工业用纺织品。世界消耗最大的是装饰纺织品,也称室内纺织品,包括床上用品、窗帘、台布、沙发面料、地毯、壁布等,作为不同风格的空间环境设计相适应的系列化纺织品设计;服饰纺织品,包括帽饰、头巾、领带、服装面料、包、鞋子等系列化的整体设想和具体图案的装饰设计。其专业方向分为:

（1）染织图案（实用面料设计）;

（2）染与织（技术研究）;

（3）染织美术（纤维艺术）。

服装设计（Costume Design）一般包括成衣设计和时装设计两大类。成衣设计属于批量化的产品设计,是相对于量身定制的手工缝做而言的,指按国家规定的号型规格和系列标准,以工业化批量生产方式制作的服装。时装设计是泛指一定的时间,一定的空间范围内,为一定人群所接受、认同,并相互模仿、追随的服装。因此,"时装"即成为"流行"的代名词。国际时装界把时装划分为三个层次:高级时装（Haute Couture）、成衣时装（Ready-to-wear）和街

图3-23
日本设计师山本耀司设计的时装　使整个人体产生出雕塑般的效果

图3-24
三宅一生服装设计作品

图3-25
三宅一生服装设计作品

头时装（Street dress）。20世纪60年代以后，在批量生产、大规模消费的背景下，由于重心从时装设计本身转向品牌的推动，因此，品牌成为整个运作的核心。

服装的理论研究应包括以下几个方面的内容：第一，科学技术性。研究服装与人体的关系，它集中体现为服装的功能性和舒适性等，涉及服装人体工程学、服装纺织材料学、卫生学和力学结构等多项领域；第二，文化艺术性。研究服装的历史沿革、民族特点、风俗及其职业特点，涉及服装社会学、服装民俗学、服装心理学、服装艺术学等多学科内容；第三，商业流通性。研究服装的生产、销售、信息、流行等商业行为，涉及营销学、市场学、传播学、策划学等内容。

五、综合设计

综合设计也称为CIS系统设计（Corporate Identity System），是20世纪60年代兴起并逐步完善的设计体系。它以现代企业管理理论为基础，融合传播学、市场学、心理学等多种学科的研究成果，运用设计领域中各个组成部分的设计原则和方法，共同构筑的综合性、边缘性应用学科。

综合设计一般是指考虑因素复杂、涉及方面较多、系统性要求较高的统一设计。它全新的设计目的和运作方式以及涉及的设计领域全部内容的广泛性要求，使其完全可以作为一个独立的设计领域而存在。今天，产品开发早已跨越了单一化时期而进入多样化、品牌化时期，大众对产品对企业的选择日益超出物质的层面，而更具主见性与文化性，并不断提升选择标准。"软消费"的发展，直接促成"软价值"的提升，其中的内涵就构成了品牌的文化力与形象力。处于竞争时代的企业，其形象力是竞争力的体现，其中企业形象统合了：

（1）产品形象（由产品质量、功能、造型、色彩、包装、价格诸要素综合形成）；

（2）服务形象（销售与售后服务质量与方式）；

（3）品牌形象（商标、厂牌印象、认知等）；

（4）企业的社会形象（一般公众的认识和态度，往往与企业在社会、文化环境中担任的角色有关）。

CIS企业形象系统由MI——理念识别（Mind ldentity）、BI——行为识别（Behaviour Identity）、VI——视觉识别（Visual Idrntity）三个部分构成。经营理念是企业存在价值、经营思想、企业精神的综合体现，其基本内涵在于洞察时代与社会的需要，建立前瞻性的经营意识、价值观和使命感，确立自己独到的事业领域和贡献点，从

图3-26
运用ISOTYPE系统设计的部分公共识别图形

而与大众共鸣，与社会交融。经营策略的制定首先是如何满足公众需求，创造独特的产品价值或服务价值，是经营的基础。经营行为的基本内涵在于处理并协调企业对内对外的种种人与事的行为活动中，力求以特定规范性特色，体现企业的理念精神与经营价值观。在管理、行销、服务和公关四个重要层面上，架建通向公众心灵的桥梁。CI系统就是有目的、有计划地设计形象，传达形象和利用形象动力的中长期营销战略，是形象时代强有力的营销武器。

近年来，脱胎于以往的城市规划设计，而拥有与时代发展相适应的新内涵新特点的城市形象设计，就是一个高度系统化的综合性设计。它涉及一座城市的过去、现在和未来。城市形象设计理念的核心是城市生存和可持续发展的战略思想。城市形象设计需要城市各构成部分和社会各界之间更富文化内涵的交流与沟通，达到更高水平的系统综合。这门新型的综合性设计学科，也正在不断地发展之中。另外，在城市规划和城市形象设计这种典型的综合设计所表现出来的是如此复杂的设计系统。比如世界博览会、奥运会等大型综合工程都需要强有力的统一组织管理和从策划、实施到接受广泛的公众参与等。综合性设计使设计的系统策划与设计管理显得更加重要。

第三节　设计的基本特征

一、设计的文化特征

设计文化是人类用艺术的方式造物的文化。

设计不是一种纯艺术现象，它首先是人类为生存而进行的造物活动，是人为实现实用功能价值和审美价值的物化劳动形态。这些人造物承载了文化内在与外在的相关意义，反映了特定时空下人们的生活方式、价值观念以及社会状况、技术、生产方式等。所以人类的文化背景深深地影响着产品的设计行为。

从文化学的角度讲，设计艺术所谓造物，一般指界为具体物态化的产品，造物活动则指人的创造性劳动过程及其文化意义。文

图3-27
日本舞蹈海报设计 ［日］田
中一光 1981年

化人类学的研究表明，人类的文化是从制造工具开始的。当人猿相揖别，人把第一块石头敲打成为一种或用于投掷、或用于刮研、或用于砍削的有用器物时，已从根本上改变了石头这个自然物的原有属性，成为人类文化的确证和信物。在史前文化时期，人类文化是以工具为核心的一元文化，随着文明的进程而逐渐走向多元化。工艺美术作为文化的原始形态，体现着史前人类精神活动和物质活动统一的特点，所以称为"本元文化"。在文明社会，文化虽然分解为物质文化和精神文化，呈现出二元的特征，但这二元在设计上却是统一的，这可由人类的造物活动及观念表现出来。

对文化源流的分析，我们可以概分为：

（1）本元文化（物质与精神的统一，如建筑艺术、工艺美术、工业设计等）；

（2）物质文化（物质文明的成果，是人类文化行为的产物，是文化的物质载体，也是文化的基本形态。如战争工具、劳动工具等，衣食住行用方面）；

（3）精神文化（精神文明的成果，如诗歌、文学、绘画、雕塑、音乐、戏剧等）。

本元文化从人类诞生之初就形成了,如新石器时代、陶器时代、青铜器时代、漆器、染织等工艺美术序列和建筑艺术等,均包含了实用与审美的完整统一。因此,设计的文化意义,正是伴随着人类心智的物化而纵贯于人类整个的造物活动之中。概言之,从人类有意识地制造和使用原始的工具和装饰品开始,人类的设计文化便开始萌芽,并组成了人类文明的生活流。

综上所说,工艺美术和建筑艺术是沿着本原文化的主流向前发展的,到了20世纪初西方工业革命的蓬勃发展,工业设计(Industrial Design)的兴起,社会化大机器生产逐步取代了手工劳动的工艺美术而成为其主流地位。在中国已是改革开放的20世纪80年代初期的事了,由于工艺美术逐渐被设计的概念所取代,在当时的理论界尚引起了一场持久的讨论,并在此基础上对工艺美术与现代设计在不同的历史阶段所呈现的时代特征,有了更为深刻的认识。

文化是人类历史实践过程中所创造的物质财富和精神财富的总和,设计正包含了这两个方面。可分为三个层次。第一,设计的物质层,它是设计的表层,主要指设计文化要素的物质载体,它具有物质性、基础性、易变性的特征。如各种设计部门和设计产品、交换商品的场所以及消费者在使用产品中的消费行为等;第二,设计文化的组织制度层,这是设计文化结构的中层,也是设计文化内层的物化。它有较强的时代性和连续性特征。主要包括协调设计系统各要素之间的关系,规范设计行为并判断、矫正设计组织制度等;第三,设计文化的观念层。它是一种文化心理状态,所以也可认为是设计文化的意识层。它处于核心和主导地位,是设计系统各要素一切活动方式的基础和依据。主要表现在生产和生活观念、价值观念、思维观念、思维方式、审美观念、道德观念、道德伦理观念、民族心理观念等方面。它存在于人内心,并由此规定自己的发展特质,吸收、改造或排斥异质文化要素,左右设计文化的发展趋势。

从物质和精神两方面来理解文化,对于全面把握文化结构和性质是至关重要的,人类的设计作为造物文化,首先是物质文化的存在,其次是物质文化与精神文化的综合存在,因此,必然要打上时代、民族地域的文化烙印,体现为物质功能及精神追求的各种文化要素的总和。就是说文化是人的产物,人也是文化的产物,人创造文化,同样文化也造就人。设计文化所体现的是物质文明与精神文明的综合存在,最能深刻地反映人在文化中的创造性和能动性,设计文化作为人本质力量的对象化,是我们理解人类文化的一个典型范例。

文化是人在自身社会化过程中所创造的,从根本意义上讲,文化是一种社会的文化。从文化的社会定义来讲,英国的文化学者雷蒙·威廉斯认为:"文化是对一种特殊生活方式的描述",而设计创造的正是一种社会生活方式。对设计产品的文化研究就是要阐明由它创造的某种特殊生活方式,以及这种特殊生活方式中隐含或外显的意义和价值。设计艺术作为社会文化,其社会学性质首先表现在民族性方面,由于不同地域、不同人群,以及历史发展的不均衡性形成了各国各民族不同的文化特点,因此,各民族独特的设计文化之间的差异性、丰富性和独创性、互补性也会随着社会的发展逐渐形成,并互相渗透,互相影响,从而促进文化向多元化方向发展。在设计的表述上,我们常说:德国优秀设计、斯堪的纳维亚风格、意大利杰出设计、无印良品设计等,这些词并没有文化的字眼,但可用于解释不同设计师或民族设计风格间差异形成的原因。涉及群体深层的"心理结构",具有价值取向,在造型、色彩、功能、语义等方面明显表现出来,因生活习惯、价值观影响而形成不同的设计形态。

设计的人类性寓于民族性之中,永恒性寓于时代性之中,普遍性寓于特殊性之中,所谓"和而不同",就是这种辩证统一的设计文化观的体现。

当代信息化社会给设计所带来的冲击,将会极大地改变我们的设计文化形态,并引起设计理念和设计方法的重构。在设计表达上,最直接的是带来了信息时代新的造型语言和表达方式,并促使新的设计文化形态的诞生。

信息是符号化的知识,信息以知识为内涵,又成为知识创新、知识传播、创造多样化应用的基础,从而使设计文化特征所具有的学科结构内涵不断的扩延,即设计文化与时代发展,设计文化与意义化生存,设计文化与文化生态,设计文化与传播接受,设计文化与人类文明,设计文化与民族文化语境,设计文化与创造,以及设计文化模式、设计文化变迁、设计文化与人类梦想等,使现代设计文化形态的内涵越来越丰富和多元化。

尽管如此,设计的本质并未改变,设计仍将始终致力于对人类生活方式和生存环境的改善与创造。只有当设计最终成为一种日常理性思维与审美方式的时候,它才不再是一种职业性的分工,而将被解读为一种思维方式与人生态度,正如赫伯特·西蒙所言的那种无处不在的设计性——"只要是意在改变现状,使之变得完美,这种行动就是设计性的。"

二、设计的社会性特征

设计最明显的特征,就是从过去作为一种个人化的创造行为,正在快速地走向社会,成为一种与社会紧密关联的活动方式。设计的社会性可以视为当代设计各种属性中最为基本的规定性。事实上进入20世纪之后的设计,从主体到客体、从形式到内涵、从语境到价值都在发生着巨大的变化,而现代性是其进入现代之后"社会属性"的现代发展,现代设计对于社会的介入程度与深度,决定了它与社会的关联方式成为其文化价值判断的重要尺度。作为一种对现代设计社会属性的解读方式,可从以下四个方面加以考量:

(1)公共性——现代设计的公共性由现代社会的公共性所决定。公共性是设计行为的社会属性的现代表现形式,因为现代社会越来越趋向于一个公共参与的社会结构和文明机制,设计作为一种以视觉的方式和人性化价值取向体现人文关怀的行为,其公共性价值已越来越趋向于明显与必然。从经济学的角度来看,设计也是一种资源配置方式,公众作为社会主体,有权要求得到优质的设计服务;而从社会学的角度来看,设计的推行与评估是公众参与社会生活的必然方式。这种取向不仅体现在终端产品的服务形态上,同时也体现在其符号与界面方式的人性化、大众化与信息化价值上。它表明,设计的公共性已进入到一个新的时代,人们必须从公共性的角度重解设计的含义,重新判断设计文化的当量。

(2)资源性——现代设计是一种可以使产品或文化增值的资源,是一种提升价值的可能性。现代社会中,设计活动前所未有地成为一种经常介入社会经济活动与商业运作的环节与因素。设计的结果借助商业的力量得以实现,因而形成新的市场价值。尤其在现代社会的经济运作方式下,杰出的设计创意、完美的策划能力、精致的表达效果,都体现着巨大的经济资源价值。

(3)结构性——现代设计在形态上已延展到一个新的规模与程度,在这个过程中呈现出结构化的发展趋势。以技术保证、社会信任机制为基础的结构所组织起来的行为方式,其特征与现代设计的社会功能有密切的关联。因为设计正是为传达正确的功能信息、提供完善的时空服务性能而工作的,因此,如果没有权利浩大的、繁复而细微的设计服务,当代社会就不可能完成如此巨大的"超域活动"机制。这种结构化的趋向,不但表现为规模的宏大化、机构的组织化与过程的有序化,还在这一背景下产生了方兴未艾的设计管理学科,成为专门处理复杂化设计过程、提高效率、保证设计目标实现等程序与策略的专业分工。

图3-28
[丹麦]保尔·亨宁森设计的
PH灯具　其简洁、明快、大方
的造型是北欧风格的典型代
表　1957年

图3-29
[丹麦]格蕾特·雅尔克设计的
休闲椅和组桌　1920年

（4）时尚与流行性——现代设计的社会特征还体现在社会的时尚与流行方面,流行是反映设计与社会之间紧密互动关系的一种颇有特色而又普遍存在,持续不断的文化现象,一种轮番更替又不断翻新的社会群体行为。社会时尚是纷繁复杂的,它几乎遍及人类社会生活的所有领域。尽管如此,如果把它视为一种广义的文化现象,换言之,视为在某一特定群体或社会的生活中形成的,并为大多数成员所共有的一种特殊的生活方式,我们便能找到剖析社会时尚及其流行领域的三个层面。其一是器物层面的社会时尚,它主要以衣食住行等方面的产品设计的流行为基础。如20世纪30年代美国流线型设计风格的汽车、90年代法国时装设计师戈尔捷（Gaultier）重新燃起朋克复兴之风等,皆属此类。其二是行为层面的社会时尚,它通常是以群体行为的方式出现的。例如,20世纪60年代英国女装设计师奎特（Mary Quant）在设计中最早采用了塑料的白色雏菊花作装饰,它不久就成为嬉皮士们（hippies）常用的标志之一,象征对和平和爱的诉求,而且其他许多人也戴着它参加游行集会。她与法国女装设计师安德烈·库雷热（Andre Courreges）掀起了超短裙等迷你服装热,迎合了许多年轻人的需要和兴趣,成为当时群体行为的流行时尚。包括消费者对品牌的热衷、对明星穿着的模仿等。其三是观念层面的社会时尚,它在广义上包括大众思维方式、感受方式、社会思潮等流行有关的各种时尚现象。如波普设计、生态设计与非物质设计等。社会时尚与流行是同一事物不可分割的两个方面。在日常生活乃至社会学研究中,人们对这两个概念往往是混合使用的。

三、设计的艺术特征

艺术史家潘诺夫斯基在20世纪50年代曾暗示:17世纪的西方科学革命,其根源可以追溯到15世纪发轫的"视觉革命"。埃杰顿更进一步提出,由14世纪意大利画家乔托所开创的"艺术革命":即运用解剖学、透视学及明暗法等科学手段,在二维平面上创造三维空间的真实错觉,为17世纪的"科学革命"提供了一套全新的观察、再现和研究现实的"视觉语言"。

在20世纪之前的漫长历史演进中,美术与设计长期以来被归于艺术创造的范畴之中。以绘画、雕塑、建筑为主体的视觉艺术与手工艺这种传统意义上的设计之间的紧密关系始终贯穿于艺术发展的进程之中,直至19世纪末期,"工艺美术运动"的代表人物威廉·莫里斯提出了"艺术与技术结合"的原则,主张美术家从事产品设计,既揭示出设计与艺术的必然联系,又显示出了设计师独立的姿态。受莫里斯影响的包豪斯创建人,建筑家沃尔特·格罗佩斯更是邀请了像伊顿、马科斯、穆什、费林格、克利、康定斯基等著名的前卫建筑家、艺术家、设计师任教,使包豪斯的设计教学和设计理论研究大放异彩。当时,绘画界激进的探索推动了平面设计的革命。在美术界对构成产生明确认识,是从19世纪的后期印象派塞尚开始的。塞尚的绘画构图及其方法论,与立体造型的构成是相通的。其后塞尚对构成的认识又影响了特朗、马蒂斯、马鲁克等,使他们建立了"野兽派"。继而又影响卡鲁拉、卢索、巴鲁拉、塞巴利尼等建立起了"未来派"。以后,"未来派"又发展为革命的"达达派"。其表现贯穿着几何的、抽象形态的意识观念。受立体主义、未来主义、构成主义等的影响,进步设计师挑战传统,发展了符合时代的设计风格。立体主义是最早的把时间——空间概念转化为视觉形象的艺术派别。它利用相对性原理和同时性原理,把不同时刻观察到的对象同时地表现出来,在画面中表现出更纯粹的几何形态。画家蒙德里安是荷兰风格派的哲学和视觉造型发展的源泉。他受立体派等前卫艺术的影响,摒弃了设计作品中的一切元素。把视觉词汇减少到使用红、黄、蓝及黑白色,形体与造型只限于方形和长方形,以庄严的不对称的构图,达到一种紧张和平衡的绝对和谐状态。因为有共同的形式追求,蒙德里安与另一位风格派的重要人物画家莱克和杜斯博格的作品,都是用有限的视觉词汇,探索表达宇宙的数学结构和自然中普遍的和谐及可支配的可见现实,以及被事物的外部面貌所隐含的普遍法则。其表现风格在于:

(1)把传统的形式特征完全剥离掉,变成高度提炼的最基本的几何结构单体或基本元素;

(2)运用最基本的几何结构单体或元素,进行简洁的结构组合,但又使单体或基本元素在新的组合中保持相对的独立和鲜明的可视性;

(3)特别注重非对称形式架构的研究与运用,开拓了设计形式语言的新层面;

(4)热衷于纵横几何结构和红、黄、蓝三原色及黑白中性色的反复运用;

(5)用抽象的比例和构成代表绝对、永恒的客观现实。

受此影响,里特维特设计的"红蓝椅子"和"施罗德"住宅,把蒙德里安的二维构成延伸到三维空间,成为"风格派"最著名的代表作品之一,是现代主义在形式探索上一个非常重要的里程碑。

图3-30
Tachichi 的玻璃杯设计
1984年

图3-31
Canon 相机　上为原来的相
机,下是克拉尼设计的相机

综上所述,现代艺术中这些特性与大机器批量生产的标准化、机械化技术要求正好合拍,成为大机器生产的必然选择。在两者相结合的基础上诞生了现代主义设计。

探索性的设计还出现在俄国、意大利、法国与德国。对大工业生产方式的认同强化了对秩序的要求,简洁能使设计体现秩序,设计师开始抛弃虚饰的传统做法。现代德国设计师受到勒·柯布西耶等人简洁主义的影响,将几何型看作设计的神圣原则,以排斥装饰,注重基本形态著称,成为理性主义的先锋。随着超现实主义、表现主义、构成主义等派别的更迭与转换,设计样式也如同现代艺术一样变幻无穷。其中既有形式、语言的开拓,又有精神内涵的丰富,出现超时空概念。20世纪60年代,装置艺术以开放的姿态充分地吸取了绘画、设计、商业以及生活垃圾等一切造型手段和语言因素,创造了一个新的艺术领域。这一视觉观念很快影响至设计。与此同时,绘画艺术也同时受到设计与商业文化的启示,如理查德·汉密尔顿(Richard Hamilton)采用照片、画报、招贴印刷材料组成了《是什么使今天的家庭如此不同又如此吸引人》,成为波普艺术的开山之作。以视错觉,有秩序变化的图像重复,形成视觉的动感和错觉的欧普艺术,表现的是另一种依赖视觉残像及视错觉表现的媒体形式,后来发展成动感艺术,加上声、光、影形成一种空间、立体、平面的综合艺术,有赖于人们的视网膜影像错觉引发心理现象所展现的一种装饰味的媒体设计。这种设计风格在海报、电视影像、包装设计中常为设计家所采用。而发端于20世纪70年代的后现代主义,则是对国际主义风格的反叛,以寻求更有活力的、多元的文化。通过借助过去的维多利亚、新艺术与装饰艺术风格,激发了许多设计师的怀旧思潮,将老的艺术形式进行现代化的运用,使产品具有浓厚的艺术创造意味,拓展了设计的理念和语汇。

不言而喻,以此为基础而形成的现代设计观念和继之而起的后现代设计思潮,都延续了这种基于视觉艺术层面上的思考。

现代设计与现代造型艺术在视觉经验、造型观念、形式语言诸方面的理解常常不分彼此,但设计除秉承现代造型艺术思维活跃、观念创新之外,还更多地深受当代工业化进程、物质技术手段等的制约和影响。现在,"设计学"逐渐从"美术学"中脱离出来而成为一门独立的学科,设计师与美术家的社会分工越来越明晰,但同时,当我们把雕刻、建筑、绘画、插图、工艺美术、工业设计、摄影、电影、电视、数码媒体等综合在一起称之为视觉艺术,已不单纯是语

图3-32
贝聿铭设计的巴黎罗浮宫扩
建工程，是20世纪下半叶最
重要的建筑之一　1989年

言的问题，而是意味着造型种类的混合化。从中也应该看到它们在本质上始终相互关联，彼此互融。

总之艺术与设计，它们虽然在分离中各有所求，但有一点是一致的，那便是通过视觉的魅力与精神显现，共同满足人类的多样化需求和与之相对应的对理想生活方式的期望。

四、设计的科技特征

自古以来，人类的创造过程是一个整体行为。人们的思维也是非线性的，科学创造中包含艺术，艺术创作中有科学的规律。

艺术与科学分家则是很晚近的事。亚里士多德说艺术是对自然的模仿，意即艺术乃是人类理解自然现象的科学。如果说现代科学起源于所谓的"文艺复兴"时代，那么许多伟大的科学先驱就是艺术家。莱奥纳尔多·达·芬奇即是典型的例子，他几乎涉足了科学的各个领域。例如，他所开创的人体解剖学，可以说为20世纪的生命科学奠定了基础。

现代科学史大致经历了四个阶段：透视学是第一个阶段的标志；天文镜和显微镜的诞生是第二个阶段的标志；照相术的发明标志了第三个阶段，而电脑的诞生标志着第四个阶段。在这每一个阶段，艺术运动与科学上的革命如果不是相继产生就是并行发生。开普勒的行星运动定律与巴洛克艺术的椭圆结构；牛顿的物理光学实验与荷兰内景画的光线处理；量子论与修拉的点彩技法；相对论与塞尚的空间观念；电脑时代的视觉媒体更不必提了，可以说是一个图像的时代。

我们知道,艺术的基本属性是保持在非精确性和非量性的层面上,它的语言必须通过具体可感的形象来表达不可重复的事情;而科学则是具有普遍性规律的陈述,它的语言是排斥自我的,必须用一定的抽象符号来表达。艺术和科学都有各自不同的语言规则和不同的价值取向。

设计是科学技术与艺术统一的产物。从人类的造物史可以发现,人类从事科学研究的目的,实际上是为了实现为人所用的目的。而符合科学规律的大千世界与艺术之间存在着深刻的联系,它是产生艺术美学概念、美学规律的源泉与载体。科学与艺术的共同基础是人类的创造力,科学家和艺术家在探求世界本质的过程中,其目的是为了揭示客观和主观世界中隐含的矛盾、结构、和谐与秩序。这种目标上的相合、相关、沟通,正是科学与艺术互为影响、互为补充、互为交叉的内在基础。

在古汉语中,技、艺不分,合称为"技艺"。在希腊词汇中艺术一词的词意几乎等同于技艺。因此,艺术与技术具有同源关系。手工业时代的技术与艺术完美结合,造就了传统工艺的辉煌。

200年前蒸汽机的发明,带动了人类社会机械化进程;100年前电的发明,带动了人类社会电气化进程。1919年,德国包豪斯学院的成立标志着现代主义设计的系统化、规范化。在深刻认识机器文明、普遍承认现代技术的土壤上,架构起现代设计观念和现代设计操作的科学体系。格罗佩斯将包豪斯的教育理念明确表达为"技术与艺术的新统一"。现代设计的发展更清楚地显示了设计与技术的同盟关系。1851年,在英国万国博览会上展出的"水晶宫"开创了现代建筑史上第一次借助现代技术的最新成果,使用玻璃、铁架结构和标准单元预制构件,对材质、构造的艺术表达,是科学和技术发展在设计中的应用,而工业技术与现代艺术中客观化趋势相结合,又直接促成了一场现代设计史上最具影响力的现代主义设计运动。可以说,设计史上每一次重大的突破都是大胆采用现代技术的结果。例如,摄影技术的诞生,其发展和运用范围的扩大,出现了显微摄影技术、X光透视技术、红外遥感摄影技术、超声波扫描技术等。当代图像的摄制已经远远超过我们的肉眼所能观看的事物表面,进入到一个极其宏观或极其微观的层面,这使得传统的手工描绘的质量、速度都已远远赶不上现代技术对客观形体摄制的精确性、瞬时性和完整性绘制,从而使现代艺术不得不舍弃"应物象形"的工作,转向对内在隐蔽世界的探索和表现。

当代计算机网络技术的发明和应用的普及,使人类社会发生了巨大的变革,正从工业社会向信息社会转变,从工业社会的物质文明向后工业社会的非物质文明转变。"未来关键科技将是人与电脑之间的互动能力。"历史又一次重现了当年包豪斯的情形:一批数学家、物理学家、计算机专家、艺术家、设计师、建筑家、音乐家、认知心理学家和大众传播专家,又一次紧密合作,其研究领域跨越了艺术与科学的界限。可以说,艺术与科学的结合开启了艺术设计的新天地,同时也为科技增添了人文精神的翅膀。

科学技术的发展促进了生产力的发展,形成了先进的生产力,这必然导致人们生产活动方式的变革,形成新的生产方式。比如由机械化的生产方式转化为自动化的生产方式,使设计自动化、生产过程自动化、整个工厂自动化、办公自动化,乃至科研、教育、语言、新闻、出版等方面的自动化已成为社会物质生产、管理的主要方式。由刚性生产方式转化为柔性生产方式,使机械化生产从产品的品种、规格、型号、样式、大小的整齐划一,按照同一模式进行的批量化生产转变为在计算机技术、自动控制技术的主导下,运用"灵活生产系统",根据用户的不同需要生产不同模式的产品,而且生产周期短。柔性生产方式在电子工业、汽车工业、飞机制造业、信息产业中得到广泛应用。人们认为这是从生产方式到思想方式的真正革命。

从20世纪90年代开始,随着电脑技术的普及、互联网的建立与扩张,预示着一个新型的社会——"信息社会"(即非物质社会)的来临。其形成和发展,必然导致设计手段、方法、过程等一系列的变化,从而开始迈入"数字"化的设计时代;另一方面,设计从范围、定义、本质、功能及至教育诸方面也会发生重要的变革。当今社会,新技术、新材料的应用成为设计的重要特征,如三维动画、新媒体艺术等将技术和艺术更加完美地结合在一起,出现了新的"虚拟设计"。当下,VR设计师已热遍全球,所谓VR中文翻译为"虚拟现实技术",它可以把人们在建筑、工业设计等各方面的构想通过电子影像技术在计算机上用立体动画的方式表现出来,过去通常所采用的规划图、工业设计图、建筑沙盘等都将成为历史,一切设计人员脑海里的奇思妙想都可以在电脑中成为真实。

"虚拟设计"(Virtual Reality 简称VR)技术的概念,最早是由美国科学家拉厄尔于20世纪80年代初提出的,现在它已被广泛应用于社会生活的各个方面,如"虚拟生产""虚拟贸易""虚拟市场""虚拟网络"等。而虚拟设计则是通过"虚拟现实"的手段,追求产品的设计完美和合理化。

虚拟设计通过"三维空间电脑图像"达到：1)真实。借助电脑和其他技术，逼真地模拟人在自然环境中的各种活动，把握人对产品的真实需要；2)交互。实现人与所设计对象的操作与交流，以不断改进设计模型；3)构想。强调三维图形的立体显示，使设计对象与人、环境更具现实感和客观性。 美国福特汽车公司科隆研究中心设计部经理罗勃认为，采用虚拟设计技术，可使整个设计流程时间减少三分之二。

21世纪，虚拟设计将在建筑设计、装备设计、产品设计、服装设计中发挥神奇的效用。可以说，现代意义上的艺术设计，很大程度上要依赖于社会生产力的提高和科学技术的进步，因此，设计的发展尤其需要科学技术作为先导。可以肯定，大数字时代的来临对我们的生活影响越深，建立在科学、技术基础上的审美取向也会越趋明显。

图3-33
德国科隆艾克斯工厂　尼古
拉斯·格雷姆肖设计　1992年

五、设计的经济特征

设计作为造物活动,是一种经济生产活动,它创造使用价值和审美价值,是社会物质生产的一部分。它与纯艺术的社会存在不同,纯艺术是作为意识形态而存在的,设计则作为一种经济生产形态而存在。也就是说,生产的产品如果不成为商品,那么生产活动将变得毫无价值。从市场定位和市场观念来看,研究和分析使用目的是设计为"人"这个大目标所决定了的,也是设计的意义所在。设计与消费的互动,一方面促进商品生产的发展,另一方面也促进设计的不断进步。因此,作为一种经济形态,商品直接受经济规律的支配,从设计、生产、流通、销售都必须按经济规律行事。设计中对材料的利用和选择、对生产工艺过程的方式的选定、对产品实用性以及对消费者审美心理变化的关注等都与经济有关,生产过程本身就是一个创造经济价值的过程,而流通和销售的经济活动,是完成和实现其价值的活动。

经济作为设计原则之一,要求用最少的消耗创造最大的价值。任何设计都是以其合目的性应用为其价值标准的,这种应用是通过市场将设计转化为商品而体现的。商品的实用性直接表现为一种经济价值,它必须给使用者、购买者带来一定的经济利益和实用效益,所谓"物以致用为本",实用价值体现了设计的根本意义,而审美价值和品牌价值的创造,则可以增加商品的附加值,以赢得更多的经济价值,并从中体现设计自身的知识价值和智慧价值。

美国经济发展过程中曾经历了独特的"三部曲"。第一是以"T"型福特车为象征的时代,它体现了成功的市场开拓策略对于经济扩张的巨大意义。美国早期经济的这一奇迹既与福特先生追求内需市场的运营见解有关,也与福特公司所持有独特设计观念有关。第二是以雷蒙德·罗维为象征的时代,罗维是美国经济以设计为动力继续开拓市场的历史见证。它体现了用设计来开启市场潜力的实现途径。第三是以比尔·盖茨为象征的时代,盖茨是美国以原创价值开拓新兴市场,并将创新优势转化为资源优势的战略措施的历史见证。由此可知,设计在与经济生活、生产方式、传播过程相结合的过程中实现了增值,体现了具有经济资源价值的特征。

体验经济是20世纪90年代出现的一种全新的经济形式。与服务经济不同的是,它是一种激发人与产品之间、生产者与消费者之间、消费者与消费者充分对话的开放式互动经济形式。约瑟夫·派恩与詹姆斯·H吉尔摩在所撰写的《体验经济》一书中,从经济学角度提出了人类历史经历了四个阶段：从物品经济时代，到商品经济时代，再到服务经济时代，最后人类将进入体验经济时代。作者认为体验是一种创造难忘经历的活动，是企业以服务为舞台，以商品为道具，围绕消费者创造出值得回忆的活动。因此，体验设计也应运而生。即一段可记忆的、能反复的体验，是体验设计通过特定的设计对象（产品、服务、人或任何媒体）所预期要达到的目标。在体验经济的条件下，产品设计不再是简单功能的载体，它包含了设计者与使用者的主体体验，为人提供了生活体验方式，从而创造了"人与物"的协调关系。

六、设计的创造性特征

早在古希腊时期，亚里士多德就将"创造"定义为"产生前所未有的事物"。这一定义不仅包括了精神领域，也包括了物质世界。重视创造性的研究是人类文明进步的需要，一切艺术活动的本质特征就是创造。创造性则是人们从事创造的能力，它既是人类自身智慧的一种力量和特质，也是当今社会中人们的一种综合素质。并且，它还是知识型、创造型、能力型设计人才的主要特征。

设计是科学与艺术统一的产物。在思维层次上必然包含了科学思维与艺术思维两种思维特点，或者说是两种思维方式整合的结果。

科学思维也是逻辑思维，它是一种锁链式的、环环相扣递进式的思维方式。

艺术思维则以形象思维为主要特征，包括灵感思维（或直觉）在内。灵感思维是非连续性、跳跃性、跨越性思维。一般把灵感思维和形象思维一起合称艺术思维。

科学思维和艺术思维是人类认识世界过程中两种不同的思维方式。但发展趋向却不尽一致。科学的抽象思维表现为对事物间接的、概括的认识，它用抽象的或逻辑的方式进行概括，并用抽象的概念和理论进行思维，所谓"概念是思维的细胞"，概念和逻辑成为思维的核心。而形象思维则主要用典型化、具象化的方式进行概括，用形象思维的方式去建构、解构，从而寻找和建立表达的完整形式。

在人的实际的思维过程中，两种思维往往是互为沟通互为关系的。乔治·萨顿在《科学的生命》中说："理解科学需要艺术，理解艺术也需要科学"。因此，设计的创造性思维的基本特征可以归结为以下三个方面：

第一，设计的创造性思维是一个包括既有量变又有质变，从内容到形式又从形式到内容的多阶段的创见性思维过程。设计的本质是要创造新的前所未有的产品,解决前人没有解决过的新问题。因此,设计是一个探索的过程,探索充满了思考与创造的因素。设计从构思设想到产品的制作、营销宣传、实施使用、信息反馈等具有贯穿全过程的性质。英国心理学家约瑟夫·沃拉斯认为,任何创造活动一般都要经历四个阶段:创造的准备期、酝酿期、明朗期以及验证期。即收集资料、对问题进行思考,作各种试探性解决,并在此基础上产生顿悟,使新思想脱颖而出,最后检验其理论上的合理性与严密性。他用调查方法考察了710名发明者的创造过程,把阶段扩展为七个步骤:

(1)对一种需求或难点的观察;

(2)对这种需求的分析;

(3)对所有可利用的情况的通盘考虑;

(4)对所有客观的解决方式的系统表达;

(5)对这些解决方式之利弊的批评分析;

(6)新意念的诞生——创造发明;

(7)为找出最有希望的解决所进行的实验,用前面的某些阶段或全部阶段为最终的具体体现所进行的选择和完成。

第二,设计的创造性思维是多种思维方式的综合运用,其创造性也体现在这种综合之中。作为造物的设计不同于绘画,它涉及的内容和范畴十分广泛,科学的本质规范着设计的创造性思维的逻辑定向。而设计的造型又要求设计思维的艺术思维定向,单方面的思维方式不能解决设计的问题。

第三,从设计的特点来看,设计思维过程中必然包括直觉、灵感、臆想等萌发、想象的发挥与模型、图形的构想、结构与外观的有机连接,分析的还原与综合的归纳、设计产品的反馈的利用与控制的运筹等,达到新设计的完成。同时也必须处理好抽象与具体、分析与综合、归纳与演绎、历史的东西与逻辑的东西等的关系。在创造性认识过程中,多种思维方式的运用是根据设计过程的需要来决定不同的思维方式的。

设计是集自然、人文、社会科学于一体的综合性应用学科,需要设计师拥有丰富的相关学科知识。创意的灵感来源于有准备的头脑和思想状态,结合的知识点越多,联系就越多,设计的创意点也就越多。科学本质的规定着设计思维的逻辑定向,而设计的造型性又要求设计思维的艺术定向。因此,任何一种单独的思维方式都不能解决设计问题,设计思维要求理性与感性、归纳与演绎、分析与综合、抽象与具体、逻辑与历史等辩证思维方法的综合运用。只有在设计思维中保持理性与非理性思维,即保持意识与无意识、逻辑与直觉、理智与情感等思维的必要张力,才能真正把握和运用好设计思维的本质规律。

第四节 设计的造型语言与符号传播

一、设计形态与形态学

(一)形状、形象和形态

形状是指物体或图形由外部的面或线条组合而呈现的外观。而形象则是能引起人的思想或感情活动的形状或姿态。所谓"象"说源自《周易》。《易·系辞上·十二》有言:"圣人立象以尽意"。"象"较之于"形"大,这来自《易·系辞上·一》说:"在天成象,在地成形"之论。这种"立象"概念,即形、形象、造型等含义。因此,可以说形象是一种抽象的图形或形体。形态,则是事物内在本质在一定条件下的表现形式,其中包括了形状和情态两个方面,它贯穿了"物的世界"与"心的世界"。总之,对于形态的研究,不仅要针对形的识别性,还要涉及人的心理感受直至思悟。形态所描述的不仅限于形本身,它的内涵和外延上都大于"形"。"形"基本是客观的记录与反映,是物化的、实在的或者硬性的。而形态的"态"是物体蕴涵的"神态",是精神的、文化的、软性的、有生命力的和有灵魂的。因此,形态本质就是物质的物质性与人的精神性的综合,即主观与客观的统一。我国古代就有"内心之动,形状于外""形者神之质,神者形之用"等论述,指出了形与神之间相辅相成的关系。所以创造形态要以"人—形关系"为出发点,这点对艺术造型活动尤为重要。

形态就像结构一样,既严谨又开放。结构的优点是可以被连续大量地分化萌发,直到分化成不同层次,不断形成新的结构。这样,一个结构会引发出另一个结构。关于形态的哲学概念的另一种表述是:形态作为物体的一种个性特征,是描述物体内部与外部特点的轮廓。创造形态就是在没有特征的背景中标示出一个有特征的形式,形成它与背景之间的差异,可以说人类生存物质世界是一个以形态来确立的世界,因而形态对于人的存在方式和生活方

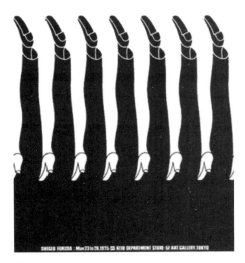

图3-34
[日]京王百货宣传海报　福田繁雄设计

式来说是至关重要的。

形态在设计中主要指视觉形态，也包括触觉形态、听觉形态等。英语、德语中称形态为Form，法语中称形态为Forme，词意与上述大体相同。

现代设计越来越重视对形态的研究。它包括了二维空间的平面设计以及三维、四维空间的产品设计和环境设计等形态的研究。其形态研究的领域正在逐步扩大。从有形到无形，从有序到无序，从外在到内在，新的形态及其概念都在不断地开发和延伸。

形态学原是生物学的一个分支，是探求生物形态的生成、发展过程或机能，进行形态分析并使之类型化、体系化的一门学科。随着社会的发展，人们在对以自然形态为研究主体的形态学基础上，逐渐开始了对人工形态的观察与分析。早在古希腊，亚里斯多德在他的《物理学》中就归纳了一个对于艺术形态学分析具有奠基意义的思想："一般说来，艺术一部分是完成自然所不能完成的东西，一部分是摹仿自然"。他的贡献在于首先总结了对艺术进行一切形态学分析的基本原则。德国艺术批评家赫尔德(J.G.Herder)首先从心理学和发生学的角度提出了对于艺术形态的划分，他复兴了对艺术的纯亚里斯多德式的理解，把艺术看作是"知识"和"技能"的统一。认为艺术的特征是效用和美、功利意向和审美意向的有机统一。美学家莫·卡冈在《艺术形态学》中提出了把艺术样式的划分看作为形态学分析的中心，并制定出区分形态学水准的严格准则。

在设计领域，对人工形态的研究包括了以生活用具、建筑、都市等一切人工创造出来的形态的诸外部特征（如形状、色彩、材料、大小等）为对象，同时对其内部特征（如设计的意图、价值观、方法论、审美情趣等）进行探索。总之，形态学作为一种方法，其研究成果越来越广泛地被应用到艺术领域。

（二）形态的分类

形态可分为概念形态和现实形态两大类。

概念形态：就是指人们无法直接感知的形态，是将理念直观化、视觉化后而得到的一种形态。如点、线、面、立体等几何性形态。包括几何形态、有机形态、偶然形态，或称纯粹形态和抽象形态。

图3-35
[日]深泽直人的设计作品

现实形态:是指实际存在于物体外部的形态,是在我们的经验体系中能够被实际看到和触到的形。如各种自然物和人造物的外形等。包括自然形态、人为形态和具象形态。

概念形态与现实形态之间有互为转化的关系,在造型设计过程中,概念形态可以转化为现实形态,如一个设想一种构思,通过设计表现和制作,而具体呈现为可观之的实体的形,即运用视觉符号的方法将概念形态转化为可见之形。

对工业设计而言,无论是几何形态、纯粹形态,还是抽象形态,只要通过视觉化定型表现后,都属于易批量化、标准化和效率化生产的形态类型,这类形态在设计史论中被称为"功能形态""机能形态"或"理性形态"。

现实形态具有与纯粹形态不同的重要性。近年来,人们对自然形态的研究,除了在外形的模拟方面倾注了大量精力外,对其构造或机能及其与形态的关系方面,以及从仿生学、构造学、动力学等角度,不断扩大和发展了形态学研究的范围和深度。在现代设计中,模拟自然物的造型发展为一种专门的仿生学。仿生学能够从科学、理性的角度为产品造型提供形态素材与依据,激发设计灵感,它不仅在造型的意义上仿生,也在生理物理等内在结构上仿生,尤其是自然形态仿生成为产品形态造型的重要方法之一。按照生物系统特征来划分,有四种仿生方法:

(1)形态仿生,即通过模仿生物的形态来设计产品。这是设计最主要的一种仿生方法。

(2)装饰仿生,即把生物系统天然的色彩、纹理、图案直接或打散重构后间接应用到产品的色彩计划和表面装饰中。

(3)结构仿生,自然界中的许多生物具有非常精致、巧妙、合理的结构,通过对这些结构的模仿,可以创造出能为人类生活提供极大方便的产品形态。

图3-36
美国福特汽车脸部仿生设计

（4）原理仿生，设计的原理仿生是按照自然物形态结构的数理规律，求出有一定使用价值的形态与功能结构。如起吊重物的吊爪就是对鸟爪原理进行总结后发明的，直升飞机的起飞是模仿蜻蜓飞行原理等，都是人类在长期生活中对自然原理加以分析观察受到启发后，从而设计生产出我们所需要的产品形态。

（三）形态与造型

从人类创造行为的角度来看设计形态，通常把视觉艺术称为造型艺术。"造型"这一词性，几乎与"设计（Design）"一样，具有名词和动词两种属性。在作名词使用时，可作样式、风格、甚至形态解释；如作动词使用时，可与设计、创造、雕塑等同义。英语、德语中称造型为plastik。日语中因大部分使用汉字，因此仍为"造型"，可与"设计"通用。

造型要素可以分为两大类：有形的要素（物质性因素）和无形的要素（关系性因素）。

物质性因素包括：形态因素（形状、色彩、肌理、材质）、条件因素（数量、方位、动静、光线）、空间限定因素（点、线、面、体、空虚）。

关系性因素包括：对象的生机、感情运动、意义、机能构造等。

图3-37
未来风格的服装设计

在我国的设计教育中，所谓造型设计，就是形态设计，也可专指产品设计（即工业造型）。通常可分为基础造型与设计造型或基础设计与专业设计两大类。

基础造型的训练与研究方式很多。可按照各种形态的类别、构成色彩的元素以及各种材料及其加工方法进行分类、系统的研究。课程的目的主要侧重于对形态、色彩、材料、构造及其成型法等的单纯性研究，以便从实践到理论建立起对造型的原理及其方法进行研究的形态构成学。

（四）形态构成学研究

现代基础造型理论系统主要研究形态、形态认知方法和表现方法，从剖析、透视、错觉到宏观与微观，从具象、抽象、心象、三维、四维到多维，从视觉、感觉、触觉、听觉乃至嗅觉等，全方位地反映了形态造型系统的表现范畴。

辛华泉教授在《形态构成学》一书中认为："作为艺术教育，必须探求哲学和科学间的新秩序，因为除了哲学是造型设计的根据外，还要在人类的视觉现象的感觉关系中，即在空间和色彩等影响人类心理的经验和事实当中,去寻找造型设计的原理。而造型设计的基础理论,应以启发和培养有关这种新秩序的创造、感受、判断能力。"构成教育的目的包括四个方面:第一,认识形态及造型要素;第二,拓展构思、启发独创性;第三,培养空间感觉和审美的直观判断力;第四,发展表现技术和方法。

形态构成学需要科学的研究形态。从广义上讲"构成"一词具有"组合""构筑"之含意,体现了一种创造性行为。构成学在内容上对造型要素"点、线、面、体、肌理"和色彩要素"色相、明度、彩度"这些现代设计中最基本的视觉元素进行了科学化、理性化的分析与研究,揭示了事物形态的各种构成关系、组合规律及美学法则。其中包括平面图形构成、色彩构成、立体构成、空间构成、肌理构成、光的构成、运动构成、意象构成等。从构成的实质来看,构成是以分解组合的观点来观察、认识和创造形态的。我们通常把形态的构形方式归纳为:分离、接触、覆盖、移入、透叠、结合、减缺、差叠、重合等。它所研究对象的重点在于形态的创造规律,具体地说就是造型的物理规律和知觉形态的心理规律。

（五）设计形态学研究

造型是设计的基本任务,形是设计的基本语言,是视觉可见的,触觉可触的,它包括了色彩和质量的概念。形态的造型是产品有机整体的一个重要组成部分,也是设计要提供的最终结果。可以说,设计是在一定的意义上作为艺术的造型设计而存在和被感知的,因而对造型的审美研究遂成为设计的重要课题。

在造型设计的过程中,设计师需要从心理学、哲学、艺术和科学的各个领域对视知觉进行了综合性考察,以研究形态本质的美、

图3-38
跑车设计

形式的结构美。如一定的线条、色彩、形态之所以具有相对独立的美，是由于它们一向与产品的功能密切相关。圆形的周边最小，容积最大，易于旋转加工；垂直线和水平线标志着建筑物的稳定和平衡；流线形在高速运动中受到的阻力最小。有些形式成为美的因素以后，被概括为对称与均衡、对比与调和、节奏与韵律、比例与尺度等构成普遍适用的形式美法则。设计师进行功能分析，掌握形式美的规律，可以更自由地发挥艺术想象力为产品设计造型。

另外，设计形态学作为专业造型是一种富于社会功利性的创造活动。其研究尚需侧重于对其机能性、技术性、经济性、社会性和人文性之间的多边关系进行综合的研究。由于功能、材料、构造与形态的关系处理中还需要工程师参与，并不能完全由造型设计师独立完成，故需要对合乎使用、安全、保存、维修等要求的合理形态相关的结构的研究；对材料的选择、使用以及相关的加工技术及其程序等的研究；以最低的成本，创造最好的形态，达到最高效益，即经济性研究。人文性研究是一种最为复杂的设计因素。它涉及极其复杂多变的循环系统，体现了时间性、地域性、普遍性与独立性等极其多元化的人文观念。

产品的形态造型是产品设计的核心内容，它须将功能、结构、材料和生产手段统一起来，以实现具有高质量、高效益和较高审美向度的合格产品为目的。怎样才是成功的工业产品造型设计？英国设计师汤姆·卡瑞认为需要13个要素：①基于几何形的形式；②一定语义的色彩；③结构的逻辑性；④尊重材料；⑤简单性；⑥主题突出；⑦坚固性（安全、可靠）；⑧连接方式；⑨视觉中心；⑩细节处理；⑪便于抓取；⑫便于清洁；⑬点睛之笔。

GSX1300R

图3-39
日本铃木摩托车设计

以上也是产品造型设计应该研究的几个方面。

对形态的造型分析与研究,有助于我们了解造型设计的本质规律、形态所具有的独立意义以及自身的性格和发展方向。

随着科学技术的发展,形态学研究的范畴日益广阔,其内涵和现实意义都会发生变化。比如现代主义提出"功能决定形态",其设计语言是以构成的方法控制形态,用抽象的、单纯的、几何形的组合与变化表达形态。这种观念及语言适合工业化生产方式,符合当时的物质和技术发展水平。而到了后工业社会,产品形态设计观念从单一的功能表达逐步转向多元化的表达,从仅关注功能、效率,转向关注人的心理、生理、文化、市场、自然环境等诸多因素。产品形态设计语言从单一的构成方式转入深层的产品语意表达。多品种、小批量的柔性生产模式代替了标准化、批量化的生产模式。尤其是非物质时代,在设计领域中,行业更具多样性和复杂性,设计系统也随之变得错综复杂,非物质产品将更为物质化,设计将更加注重人文关怀。这些变化和发展趋势都决定了形态学研究要在变化中发展,为设计领域的方法论研究提供支持。

二、产品语义学与符号传播

语义学是有关符号的意义、信息和内容的理论,是一切人工产品设计必然涉及的知识领域。语义(Semantic)的原意是语言的意义,而语意学则为研究语言意义的学科。设计界将研究语言的构想运用到产品设计上,因而有了"产品语义学"(Product Semantics)这一术语的产生。产品语义学也称产品意形论,或"形态语义学"(Semaneics of form),是设计符号论的一个领域,也是在产品进入电子化时代后提出的一个新概念。其理论架构始于1950年德国乌尔姆造型大学的"符号运用研究",更远可追溯至芝加哥新包豪斯学校的查理斯(Charles)与莫理斯(Morris)的记号论。这一概念于1983年德国的布特教授(R.Butter)第一次明确提出,并在1984年美国克兰布鲁克艺术学院(Cranbrook Academy of Art)由美国工业设计师协会(IDSA)所举办的"产品语义学研讨会"中予以定义:"产品语义学乃是研究人造物的形态在使用情境中的象征特性,以及如何应用在工业设计上的学问。"

克里彭多夫把产品语义定义为一个新的领域,它关心的是设计对象的含义,对象的符号象征,以及它在什么心理、社会和文化环境中使用。在设计方法中,他把产品的象征功能与传统的几何学、劳动学和技术美学,采用比喻和语义方法将之联系在一起。

产品语义学提出了新的设计思想。在对待生活用品、机械、器具等广义产品功能的观点的时候,其研究不能仅限于物质的效用性及机械性功能,而应看作是有着代表意义的一种语言,即产品语言(Produc Language)。以这种观点开展的新方法论是以20世纪80年代中期美国的K.柯里潘托尔等人提出的这个问题为契机,而在世界范围内兴起的设计思潮。其研究成果,对于提高人机沟通效率,提高产品设计质量和服务方面发挥了重要的作用。

由上可知,产品语义学实际上是借用了语言学的概念。语言学中的语义学研究对象是文字语言,产品语义学研究对象是视觉图形、图像与形态,与文字语言相对,可称为图形语言。两者的共

图3-40
汽车各构件的设计语义

同之处就是都具有"传情达意"的作用,都是传递信息的媒介。

从产品语义学的角度讲,设计符号是由"形符"和"意符"构成的,二者结合起来互相促进形成了形态符号特有的表现方式与特征。在形态设计中的许多设计符号都具有意符蕴涵其中。如方形多表现规范化的机械形态,圆形多表现情趣丰富的有机形态,锥形给人尖锐和深重之感,而柱形表现向上、稳定之态。形态设计包含着符号学的运用,通过由符号造型、抽象形态和一些与表达产品意义相关的元素的排列、综合等构成方式来解释产品的意义,使用者通过了解产品的意义,从而正确、有效地使用产品。

设计是人类创造的外在表现,设计师在为人设计生存环境,空间或工具用品的同时,也赋予了它一定的外观质量和外观特征。无论这些设计是平面的还是立体的,它们都会因其外观质量和外观形态表现或传达出一定的信息、表情或情感来,被人们的视觉获取或感知,同时引起使用者的情感反映。历史上设计教育家、理论家和设计师通过大量的实践和思考归纳出形式美法则,这些法则囊括了自然形态和人造形态的美学规律。在设计中常采用的均衡、对称、对比、调和、律动、渐变等就是带有一定结构特征的语法。设计正是通过形神兼备的符素实体,转化为社会意义的视素和触素而作用于人类社会的。我们知道产品的形态、构造、色彩、材料等要素构成了它特有的符合规范的符号系统,从整体视觉感受到每个构成局部的细节,通过这个符号系统,一方面可以传达出设计师的设计意图和设计思想,赋予产品以新的生命;另一方面通过这套符号系统,消费者了解产品的属性和它的使用方法,成为设计师与使用者之间沟通的桥梁。随着社会发展与进步,物质的极大丰富,消费层次的进一步细分,产品存在的社会背景发生越来越大的变化,产品本身必须与之相适应,设计也应随之调整,必须重新审视产品的发展方向。语义学也应给以更有效的回应,在提高人机沟通效率、为消费提供更好的服务上发挥更好作用,但理想与现实间尚存在一段差距,产品语义学毕竟是一门新兴的学科,还面临着一些难题有待解决。比如:语义传达的准确性与消费要求个性化的矛盾,同类产品操作系统由于不同符号构成体系造成的混乱和矛盾;追求寓意的丰富,降低功能性而走向形式主义等。如不同品牌的数码相机或打印机有着不同的操作系统,当你更换和使用不同品牌的相机或打印机时,必须重新熟悉它各种功能和操作软件系统、菜单结构、图形含义、操作方法等,是一件很麻烦的事。在这里,个性化的要求与产品使用的通用性形成矛盾,我们随之面临选择。同样的事情会发生在手机、摄像机、数码相机等各类电器产品上。虽然也有许多标准化带给我们的好处,但大量的"个性化"符号只有仔细阅读厚厚的说明书才能操作,给消费者带来诸多不便。目前,许多设计师已把产品的易用性作为设计追求的目标之一。特别是界面设计的发展对易用性研究提出了新的挑战,因为几乎所有产品都要通过人-机界面产生互动,最终实现产品的功能。

（一）产品要素的符号学分析

产品要素是构成产品系统的单元体,任何产品系统都是由若干相互联系的产品要素构成的有机体。一种语义元素可以和不同"意义"的其他元素组合,产生不同的效果,而设计师对各种设计表现因素的明确理解,必须是建构在他大量体会各种表现因素在实际使用状况中的效果基础上的,这就说明了不同文化背景的设计师为什么常常表现出不同的处理形态的风格。例如不同品牌的汽车设计,在操作的按钮作为产品要素时,在形态上能给人以柔和、亲切感,并可提示具有指示功能等。这样产品要素就表现为一定的意义性,并能被使用者所理解,产品的符号系统的语义就得以形成。正是通过使用方式的变化,为特定时空环境下的人们创造了一种不同风格的、合理的驾驶方式,产品符号语言的语用学意义遂在于此。许多学者认为,产品形态在传达的过程中应具有外延和内涵两个层面的意义,所谓外延性语义与使用目的、操作、功能和人机因素等密切相关,而内涵性语义则与产品感性的认知有关,主要包括感受、感觉、情感等心理及生理的反映,反映出心理性、社会性、文化性的象征价值。

（二）产品系统设计的符号化过程

产品符号系统的形成过程是由深层结构向表层结构转化的过程。即在设计的过程中,往往首先确定产品的功能目标,其次是确定产品的结构和要素。比如在设计座椅时,首先应根据使用者和使用环境确定产品的功能目标,再确定采用何种结构和要素,即设计方案。要考虑的因素有造型、构造、连接等结构关系和材料、工艺、尺度、色彩、人体工学等要素特征。结构和要素的变化都可以使方案多样化,系统设计过程正是要在多种方案中选择最优方案。

（三）产品结构的符号学分析

产品符号学包括产品语构学,主要研究产品功能结构与造型的构成关系。

产品结构是若干要素相互联系、相互作用的方式,即产品系统的结构是产品系统内部各要素相互作用的秩序。产品结构的符号学特征首先体现于产品要素之间的关系上，即产品语构学的特征上。产品系统正是有了要素与要素之间的有机结构关系，要素才能作为媒介关联物在符号系统中发挥其内涵和外延的作用。产品才能形成系统，实现特定的功能。产品结构的符号、产品符号的语义和语用关系正是通过合理的产品结构而得到明确的设计。

（四）产品的功能符号学分析

以数码相机作为典型产品进行符号功能的分析，可分为三个方面：（1）各功能键、外设连接孔及其相对应的说明文件，使用户知道能够自己掌握操作方法；（2）构成外观整体视觉与触觉感受的形态色彩；（3）支持数码相机功能的软件界面。功能作为产品符号的目的性，针对不同要求应该采取不同的方法和标准来处理这三类符号系统，以达到最佳的组合状态。第一种类型的符号主要是"达意"，即让使用者知道如何操作。设计的重点是在满足基本信息传达和物理操作的基础上进行一些简单的变化，使单个符号的意义，能配合整体造型，从而传达出它们之间的协调关系；第二类符号构成了产品外在视觉与触觉的形态与线形特征。在满足人机物理层面的基本要求的基础上，传达出产品的个性特征和产品精神内涵的功能，也是最能发挥形态语言感性魅力的领域，其符号的作用是"传情"；第三类符号完全是人机对话功能，针对性非常强，应最大程度的发挥个性需求，并使之接近标准化、操作规范化。当然，一种设计形态可能通向不同的语义理解，每个人的认知经验不同，对语义的评价也不尽一致，但产品的设计语义是否能让消费者准确地、快速地、有效地接受和认知，是产品设计成功与否的标志。

由此可知，产品语义需要具有独特的表现魅力和明确的功能指向。尤其是我们正处在一个多元化，强调个性的时代，如何更深层次地探讨"物"与"体系"多方面的意义和形成方法，如何有效地组织设计产品"形"与"意"关系的符号系统，使之更好地解决这些矛盾，使产品更好地为人服务，将是语义学研究的一个重要课题。

（五）产品的社会文化符号学分析

英国文化研究者迪克·海布迪奇在他的《作为形象的物：意大利踏板摩托车》一文中阐释了工业产品的社会文化符号意义。他的基本观点是：工业产品的文化符号意义是在设计、生产、中介、消费的过程中实现的，把其中任何一个阶段视为决定性的，或把其中任何一种因素看作构成物的意义的决定因素，都是不可取的。他首先从认识机械物品所具有的性别意识开始，分析了意大利踏板

图3-41
[法]保罗·戈尔蒂埃设计的融合了前卫、古典和奇异风格的时装　1952年

车最初是为满足想象中的女性摩托车手的需要而设计的,它的第一个认同符号是性别差异。20世纪50年代,通过广告和媒体的中介,踏板车逐渐成为意大利风格和时尚的代名词,获得了新的社会文化内涵。进入20世纪60年代,它的意义再次发生转变,被一批反主流文化的英国工人阶级青少年视为身份的标志,成为他们叛逆形象的一个组成部分。迪克·海布迪奇的研究让我们认识到,工业产品常常跨越各种社会场所而发生意义的变化,产品形象对于观赏者和消费者的影响并非仅仅依赖于它们的形象内部的构成因素,而是它被消费、观赏和阐释时获得的。因此,工业产品作为形象符号语义汇聚了社会道德、审美和政治意识形态,成为社会文化符号研究者关注的主要内容。

（六）设计符号传播学分析

传播学是研究人类信息的传递和扩散的过程,而符号学则从属于传播学的领域。人类的意识过程,其实就是一个将世界符号化的过程,思维无非是对符号的一种选择、组合、转换、再生的操作过程。因此可以说,人是用符号来思维的,符号是思维主体。传播学的经典著作《传播学概论》中把传播定义为:"在传通关系中,一方发出符号;另一方对符号加以利用的过程"。从社会学角度讲,美国传播学家B.贝雷尔森（Bererson）等人的定义是:"运用符号——

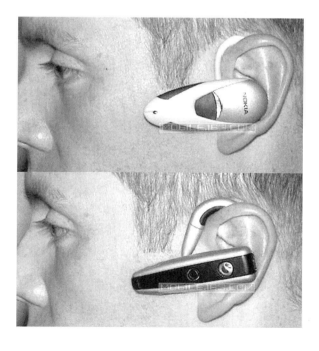

图3-42
诺基亚设计的蓝牙耳机

词语、画片、数字、图表等来传递信息、思想、感情、技术以及其他内容,这种传递的行为或过程称为传播。"①这说明信息的传播常常兼有交流、沟通的意义。

传播现象构成的三要素是信息、传通关系和传通行为,这些是设计传通现象所具有的系统特征。信息传播构成一个相互连贯的回路,可由七个因素构成:

(1)信息源:把信息、知识传播出去的个体或集合体;

(2)编码:把传播内容变为有意义的符号及符号系统;

(3)信息:用来传递符号系统;

(4)通道:用来传播信息的媒体;

(5)信宿:接受信息的个体或集合体;

(6)解码:把接受到的符号系统恢复原意;

(7)反馈:受众用态度和行为(反应)把信息再传回发信体。其中最重要的是编码(符号化)和解码(符号解读)。它们是沟通双方心理世界的关键。

形态设计的视觉功能主要有两个方面,即观念的主导价值和信息的传播交流。形态设计的目的就是通过视觉符号传达一种特定功能的诉求。现代设计以系列化、科学化、规范化的视觉符号提升产品形象,进行文化交流和改善人类的生存方式。这种交流不仅以商业企图为目的,而且还促进着行业门类之间的观念文化传播。设计者成功挑选、组合、转换、汇集成为指涉自己思想的符号,使之成为自身与受众共同认知的符号,产品要为人们所理解,必须要借助公认的语义符号向人们传达足够的信息,给不同语境下的民族提供更为方便的交流方式,从而使设计达到跨地域、跨文化的认同。现代设计师们努力追求的视觉传达与语义效果、空间形式也无一例外的是为了向公共社会传达一种专业化设计服务的信息与诉求。

工业产品形态作为特殊的语言系统是多学科交叉的产物,它超越了一般造型的审美限定,是集现代哲学、视觉心理、造型艺术、语言符号、材料技术、功能结构、信息传播等学科于一体,以其固有的属性,构成了现代信息传播中特殊的文化现象。因此,现代设计信息是一种多层次的复杂的信息综合体,它大致可分为技术信息、语义信息和审美信息三个层次。对设计师而言,完美有效的设计信息创造应该是三个层次的有机统一。

---

① 丁长友.广告传播学[M].北京:中国建筑工业出版社,1997.

时装设计、广告设计、展示设计、个人形象设计和大部分平面设计等,这些一般来说都是侧重于信息内容与创意,设计师更重视即时效果和立竿见影的传播与沟通。随着数字化媒体的出现,视觉传达设计也渐渐地超越了其原先的范畴,走向愈来愈广阔的领域。网络技术与网络广告、数字电影与电视广告、多媒体互动广告等新一代的广告视觉传播方式应运而生,它们制造着成千上万的色彩纷呈的视觉信息,它们在不断地挑战着当代广告传播形式的同时,也扩展着当代广告视觉传达设计的外延。视觉传达设计由以往媒体形态上的平面化、静态化以及单一化开始逐渐加强其动态化的扩展节奏,并向立体化、空间化和广告媒体综合化的方向转变。随着广告视觉传达媒体语汇的极大丰富与更新,广告的创意者和设计师们在视觉图像的扩展和应用方面为受众提供了无止境的可能性,他们可以通过任何一种新的广告媒体来表现信息传播的概念,显著的例证就是在三维动态图像、多媒体、数字电影电视以及其他视频领域所取得的成果。信息业将会推动这个人造的世界,无论是物件／产品、空间、还是通讯,设计师都将利用信息技术连接这一切,正所谓"设计聚合"的概念。

在信息化日益明显的今天,如何有效地传递信息不仅是一个艺术问题,同样也是一项技术问题。作为设计师,必须从传播的角度对设计加以深刻的理解,才能使自己的设计更能满足客户与大众的需要,成为推动生产力的动力。

图3-43
仿生汽车设计

第四章 设计学应用理论

第一节 设计方法学

一、设计方法概论

人们在如何进行一项工作,如何达到一种目的时,都有采用什么样的方法来完成的问题。所谓方法,就是为解决问题或达到某一目的而采取的手段、方式的总和。广义上讲是指人的一种行为方式,狭义上讲是为解决某一具体问题、完成某一工作的程序或办法。方法论是关于方法的理论,包括建立知识体系的方法和扩展知识、补充新知识的方法。方法论又称方法学,无论是方法学还是方法论,都具有科学性和哲学性,本质上可以说是科学方法论和哲学方法论。

现代设计方法学是一门综合性科学。虽然设计的历史悠久,但作为一门学科,设计方法论是在20世纪60年代兴起和发展的,并在此基础上建立起了比较科学的研究体系和理论体系。因此,设计方法是设计领域的世界观与方法论,它的基本问题始终是围绕如何正确地、科学地处理设计思维和设计现实之间的关系。

设计方法论的"科学"时期在第二次世界大战后形成滥觞。战后社会经济的发展导致了人们需求的多样化与复杂化,大众市场消失,消费社会来临。另一方面,科学技术的高速发展丰富了设计的实现手段。因此,设计师面临的问题日趋复杂,传统的方法失效。设计师在迷惑中开始思考"如何设计"的问题。20世纪50年代末60年代初,系统论、信息论和控制论的思想开始渗透到各个领域。NASA以及美国军方发展的计算机、自动控制、系统管理等技术被介绍到民间并产生了巨大影响,这便是设计方法论运动的直接诱因。

手工业时代,设计方法具有经验、感性、静态的特征,而大工业时代的设计方法则是科学的、理性的、动态的和计算机化的。在传统工业社会向信息时代过渡时期,其方法论主张运用系统的思想和方法对原理、概念、思维模式、材料、工艺、结构、形态、色彩以至

图4-1
"创意的大脑"招贴设计

经营机制、经营模式都放在一个关键的核心——特定人群的特定
环境、条件的需求之中去重构。

从发展而言,设计方法经历了直觉设计阶段、经验设计阶段、
中间实验辅助设计阶段与现代设计法四个阶段。

科学方法论从经验到哲学有不同的层面,大致可以分为:

(1)作为技术手段,操作过程的经验层面;

(2)作为各门类学科具体研究对象的具体方法层面;

(3)作为科学研究的一般方法层面,适用于各学科;

(4)作为一般科学方法的哲学层面,普遍适用于自然科学、人
文和社会科学、思维科学等。

设计是一项实践性、操作性很强的专业活动。在古代,经验的
方法是在生产实践中通过总结经验形成的,从实践中总结出实用
知识或工艺技巧,并加以应用,这就是经验的方法。从人类的造物
实践的历史来看,已积累了丰厚的设计经验,这种经验随着设计学
科的形成而上升为理论,成为设计学科的一部分。其中,设计方法
及程序是设计学科中最具操作性的理论,是由实践经验总结出的
理论,这些方法和理论具有普遍性,但它们又是发展变化的。对于
不同的项目,条件和要求,其方法会有所不同,比如环境艺术设计
和室内设计、工业设计与平面设计等,其方法都有所不同,需要设
计者根据实际而确定、选择和加以变换,甚至需要设计的智慧和设
计方法的不断创新。

二、现代设计方法及方法论研究

方法论又称方法学,就是研究方法的理论。在方法学上,哲学家与实践家有两大主张:理性主义与经验主义。前者主张在认识、设计、探索和研究的过程中,确立理性的原则,从这些原则出发,按逻辑步骤,建立合理的过程;后者主张凭感觉及直觉,以及由此积累的经验从事各项研究工作。在不同的理论体系中,方法有着不同的概念特征。当代的科学理论在很大程度上被归结为科学方法学说,归结为对数学或形式逻辑尚未要求其作出分科的那些方法的描述和反思。

方法论不是严格的形式科学,而是使用科学。它与人的活动有关,给人以行动的指示,说明人应该怎样树立自己的认识目的,应该使用哪些辅助手段,以便能够有效地获得科学认识。正是在方法论的基础上,设计科学才得以建立。1978年赫伯特·西蒙出版了《人工科学》一书,正式提出了设计科学的概念,书中总结了当时初露端倪的设计科学的特点、内容和意义。这是设计方法学的一部经典著作。

设计方法论是设计学科的科学方法论。西蒙认为是"关于认识和改造广义设计的根本科学方法的学说。是设计领域最一般规律的科学"。它涉及到工程学、管理学、价值科学、社会学、生理学、心理学、思维科学、美学和哲学诸多领域的知识。作为方法论主要研究设计过程和各阶段、各步骤之间的关联性规律、原理和规则,以确保整个设计项目有一个科学的、合理的设计进程。因此,设计方法学可以说是探讨设计进程最优化的方法论。

通常所说的设计的方法论主要包括信息论、系统论、控制论、优化论、对应论、突变论、智能论、功能论、离散论、模糊论等。在设计与分析领域称为十大科学方法论。这些方法论的研究,受"自然科学"的影响,设计追求的是"科学的、理性的、实证的"知识。由于在分析过程中,数理逻辑演算的介入,使设计活动似乎获得了科学的"精确性",是体现快速的、准确的、普遍适用的方法论阶段。

到了20世纪80年代以后,越来越多的学者反对方法的教条与僵化,方法论的研究开始集中于如何使方法获得自由,因为任何方法、程序都不可能替代设计师的感觉、认知、判断中的直觉成分。方法的作用只能是"组织"这些大脑内部的思维机制。

在此时期,瑞特(Rittel)对方法论的研究最有价值,他揭示了设计的核心难点:当设计师面对一个具体问题时,他需要与此问题相关的一些知识。有些知识是客观性的,可以通过统计获得,如城市

图4-2
日本招贴设计

规划中的人口密度、土地面积、家庭收入、交通阻塞等;有些知识,比如用户需求、经济与社会因素、个人动机、文化差异等,被认为是主观性知识,则需要通过使用某种方法去研究才能获得,此外还要加入设计师的经验性知识。于是设计的方法论的理论基础越来越受到社会科学知识的深入影响。设计实践与研究多是在心理学、社会学、人类学(民族志)、语言学等社会科学的介入下进行的,其核心目的是去发现人的需求、期望、目的、情感、体验。设计方法不应只是遵循自然科学的因果逻辑、理性分析下的"解释"原则,而更应去"理解"和关怀人类的个体心理与群体文化。与此同时,社会科学的方法,比如社会学的问卷调查、抽样、焦点群体、心理学的认知实验,人类学的田野调查与民族志等也开始渗透到设计领域。因此设计不仅要研究自然科学知识,也要沿用社会科学的"理解"原则去找寻人类行为背后的意义、情感、价值与象征系统。

从世界范围来看,不同的国家、地区有不同的设计方法的运用和理解,形成了所谓的"方法学派",在广义设计方法上国外主要有三大学派可供借鉴:

(1)德国与北欧的机械设计方法学派,以"解决产品设计课题进程的一般性理论,研究进程模式、战略与各步骤相应的战术"作为设计方法学的基本定义。着重于设计模式的研究,对设计过程进行系统化的逻辑分析,使设计方法步骤规范化;

(2)英、美、日等国的创造设计学派,它们重视创造性开发和计算机辅助设计在工业设计上形成的商业性的、高科技的、多元化的风格;

(3)俄罗斯、东欧的新设计方法学派,其理论建立在宏观工程设计基础上,思路开阔,提倡发散、变性、收敛三步曲的设计程式。

三、具有普遍意义的设计方法理论

在设计方法上,当下的科学技术为设计师提供了前所未有的可能性,科学方法论的兴起及发展,在哲学社会科学领域得到越来越多的应用。特别是信息革命提供了传播知识信息的各种现代化手段,使设计更有效地突破传统学科被划分的界限,过去那种不同学科、不同领域孤立地提出和解决问题的思维方式已不可能全面地认识和解决复杂的问题。近几年出现的系统设计就是在这个背景下产生的,它包括对技术的组织管理设计和社会设计。另外,计算机辅助设计(CAD)和辅助制作(CAM)系统,为这种系统综合性设计在信息整理、分析、模拟、变体、评价、模型、绘画等各个方面提供了有效的技术方法。当然,方法和手段的进步并不意味着一切,关键还是人的选择,对设计师来说,必须确立一个清醒的设计价值观——即以人为核心的设计价值观。这里重点介绍常用的功能论方法与系统论方法:

(一)功能论方法

德国斯图加特国立造型学院产品设计系的克劳斯·雷蒙(Klaus Lemann)教授在对设计方法的研究中认为:设计中就项目的功能、内容与方法形式而言,方法在设计过程占有重要的位置,并对设计过程中的工作效率及结果起着很重要的作用,归纳起来有两种通用的方法。

(1)分析法:代表着一种通用的操作方法。它来源于对产品的一种理性分析,基于这种分析,产生了功能设计理论及方法,内容包括:

①功能定义,指针对所设计的产品及构成下定义。即确定设计主旨、明确设计目标、梳理出实现功能的不同方式和手段;

②功能分类,即按设计对象的功能进行分类,可分为基本功能、辅助功能。也可分为物质功能和精神功能。其中物质功能是最重要的功能,包括适用性、可靠性、安全性等;精神功能是由外观造型及物质功能所表现出来的审美、象征、教育等功能;

③功能整理,指将产品中各部件的功能定义按照目的和手段顺序进行系统化排列,制订可操作的、定量的"功能系统图";

④功能定量分析等,指在"功能系统图"的基础上,进行细化分析,包括技术参数分析、产品功能成本分析、可靠性定量及定性分析。

第二次世界大战后,随着科学技术的发展,产业结构、社会结构、自然环境及人的意识形态都发生了巨大的变化。传统功能主义的设计式样和设计原理也发生了变化,即形成了多元化的设计。功能不再是单一的结构功能,而呈现为复合形态,即物质功能、信息功能、环境功能和社会功能的综合。到了后现代主义时期,设计师甚至提出:设计师的责任不是实现功能而是发现功能。工业设计发展的历程表明:没有功能,形式就无从产生。因此,正确处理功能与形式的关系是工业设计方法论研究的基本问题。

(2)归纳法:产生于后现代主义,是一个非常年轻的思维理论方法,它试图用当代的手段来表现当代的问题,或表现一种表现形式的价值,含有形式、隐喻、感情等,于是成为一种普遍适用的方法理论。

意大利后现代主义的代表人物蔓第尼就提出了以下几个设计

哲学观点：

①当你最初想象这个对象时,要集中在它的视觉方面,而不是功能;

②把功能设计得含混些;

③尽力瞄准在一种视觉矛盾方面,如"软"和"硬",以及不俗方面;

④把不相似的东西组合在一起;

⑤引入意想不到的因素,给人悬而未决的感觉;

⑥部件应当沉静、浪漫,富有想象力,性格内向,带有些自我嘲讽;

⑦每个产品应同时具有手工艺术和计算机科学的品质。

这些要点构成了他组织的"阿基米亚"设计工作室的设计哲学。显然这种后现代主义的设计思想强调了一些歧义的、功能不清晰的方面,与功能主义的方法是完全对立的。

(二)系统论方法

亚里士多德说"整体大于部分之和",这至今仍是系统论的一个基本思想。

系统论作为一种方法,是属于科学方法论的第二层次,第一层次是哲学方法,这是高度抽象因而无论对自然科学抑或社会科学均有普适性的方法;第二层次是一般科学方法,如实验方法、逻辑方法、数学方法、系统论、控制论、信息论方法;第三层次是门类科学方法,是哲学方法的实际运用。如研究设计就有研究设计的方法。而在设计中运用系统论方法,是最常用的门类研究方法。

系统设计方法是以对现代科学研究具有普遍指导意义的系统思想和观点为基础,顺应现代设计在环境、对象、因素等方面越来越多的制约和复杂化限定的情况下,把设计的研究对象置于从整体与局部之间、部分与部分之间、整体对象与外部环境之间的相互联系和相互作用、相互制约和相互协同的关系中综合地精确地考察对象,以达到确立优化目标及实现目标的科学方法。设计系统的方法因为把设计对象以及有关问题,如设计的程序和管理、设计信息资料的分类整理、设计目标的拟定,"人—机—环境"系统的功能分配和动作协调规划等,视为一个系统,然后,运用系统分析和系统综合的基本方法,发挥整体性、综合性的最优化的特点,因而为设计过程中迅速、准确地发现问题、分析和定义问题,提供了正确全面的设计哲学观。这一设计方法,被广泛应用于工业设计、建筑设计、城市规划设计和视觉传达设计等现代设计领域。其系统分析包括：

　　①整体分析：确定系统的总目标及相关客观条件的限制；

　　②任务与要求：为实现总目标需要完成哪些任务和满足哪些要求；

　　③功能分析：根据任务与要求，对整个系统及子系统的功能和相互关系进行分析；

　　④指标分配：在功能分析的基础上确定对各子系统的要求及指标分析；

　　⑤方案研究：根据预定任务和各子系统的指标要求，制订出各种可行性方案；

　　⑥分析模拟：由于因果关系的变化，通常需要经过分析模拟加以确定；

　　⑦系统优化：在方案分析模拟的基础上，从可行方案中选出最优方案；

　　⑧系统综合：对最优方案要付诸实施，必须进行理论上的论证和具体设计，以使各子系统在规定的范围和程度上得出明确的定性、定量的结论，包括细节问题的结论。

　　日本产品设计大师黑川雅之认为：所有事物，无论是目的还是组织方式，都有其结构。决定结构的因素很多，动力特性、材料特性、生产过程、材料和部件的寿命、部件的可换性、维护方式、组装次序、表达的意念以及决定存在方式的组合因素，包括每个部件应适应分拆程序的需要，即便对于使用者而言，管理回收的技能也成为必须等，这是整个"意念体系"，决定着产品的结构，决定着物体存在的方式。这说明了在设计产品时导入系统化的结构概念是十分重要的。

　　系统论方法论，也为人们掌握全局、提纲挈领地解决设计问题提供了行之有效和科学、理性的思维方法，并能将复杂、综合的设计与实践过程梳理为脉络清晰、层次分明的工作体系。对系统方法的探索，一定要善于发挥创造性思维和直觉感性思维方式的优点，促使理性和感性相结合，相融汇，用不断丰富和完善科学的设计方法去创造未来更优良的设计。

　　（三）创造性思维方法

　　设计方法的核心是创造性思维，它贯穿于整个设计活动的全过程。对创造性的理解也是建立在科学的基础上的，美国心理学家唐纳德·麦金农（Donald　Mackinnon）在1962年曾经结合艺术、

科学、技术等方面对创造性的理解,对创造性下过比较全面的定义:

"创造性含义指某一想法(或反应)是新颖的,至少在统计上是鲜见的。但这种思想或行动上的新颖只是创造性的一个必要方面,还不是全部。若认为某一反应是创造过程的组成部分,则在一定程度上必须是适应现实的,适合一定情况,能解决一定问题,完成某种可识别的目标。而且真正的创造性还包括对新颖领悟的持续、评价、完善和充分发展。"①

设计中的创造性思维,具有主动性、目的性、预见性、求异性、发散性、独创性、突变性、灵活性等特征。而把握设计方法的主体——设计师的设计思维活动,对设计方法的形成和运用有着重要作用。设计创意思维的基本方法概述如下:

1.发散思维(求异思维)

美国科学哲学家库恩(Thomas Kuhn)在《必要的张力》一书中指出,发散式思维的一般特征是思想的活跃与开放。美国心理学家吴伟士(Woodworth)和吉尔富特(J.P.Guilford)认为,创造性思维的核心是发散式思维,人类创造力的最重要的成分就存在于发散式思维之中。

发散式思维又称扩散思维、分散思维,也有称逆向思维和求异思维。是指以一个共同的出发点为前提,然后在此前提下,从不同的侧面,不同的部位对出发点提出的问题加以实施或解决。发散式思维一般呈现三种形态:一是同向"直线型"发散;二是异向"发射型"发散;三是立体"渗透型"发散。它包括:

(1)直觉思维:以熟悉与当前情境有关的知识领域及其结构为根据,是创造性思维的一种主要形式。即从一点出发,使思维的轨迹沿着基本不同的方向扩展,其结果往往是产生构思迥异的方案。用图表示,它就是从一点出发向知识网络空间发出的一束射线,使之与两个或多个知识点之间形成联系。它包含横向思维、逆向思维及多向思维。求异思维具有多向性、变通性、流畅性、独特性特点,即思考问题时注重多思路、多方案,解决问题时注重多途径、多方式。它对不同问题,从不同的方向、不同的侧面、不同的层次横向拓展、逆向深入,常采用探索、转化、变换、迁移、构造、变形、组合、分解等设计手法,将毫无关联的各个不相同的要素结合在一

①勃罗德彭.建筑设计与人文科学[M].张韦,译.北京:中国建筑工业出版社,1990.

图4-3
"Nikon F5" 当手握机器拍摄时,所有的按钮都可以方便地操作

图4-4
"Nikon F3" 乔治亚罗为尼康设计的相机 2005年

起,来打开未知世界之门。

(2)逻辑思维:分析设计形态系统的各种独立成分,并列出各独立成分所包含的多种因素,然后将各种因素作排列组合,从而获得多种造型方案,这种方法既可避免先入为主的影响,也可避免简单凭头脑思索而挂一漏万。特别是用计算机辅助设计处理复杂问题时,更为有效。

(3)聚合思维:综合各种方案,或优选一个最理想的方案并进一步利用直觉思维深入发展,这种思维过程能激发人的好奇心和求知欲,能够"立竿见影",能培养知觉判断力,能储备大量的形象资料,从而在丰富表象的基础上发生联想,构成更丰富的想象。

2.收敛式思维

收敛式思维与发散式思维是两种不同的认知方式。收敛式思维又称辐合式思维,集中思维,是一种收敛的思维方式,收敛思维往往是预设一个思维所要达到的目标,然后调动思维的种种因素,收集所有有关信息,甚至采用不同的方法、知识来向此目标推进。同时,又要考虑各种相关因素,最后提出一种解决问题的办法并达到目标。收敛式思维是从所给予的信息中产生逻辑的结论,是一种趋同、求同的过程。当思维经过充分发散,需要思维的主体作出决策时,收敛式思维同样会起到决定性的作用。差不多所有的设计大师的作品,都经历过严密的逻辑思维阶段,以使构思能够变成现实。

发散式思维与收敛式思维之间的相关性十分密切,创造性思维过程包括二者相互衔接或交替的阶段。库恩指出,科学只是在发散和收敛这两种思维方法相互拉扯所形成的"张力"之下,才能向前发展。发散式思维是收敛式思维的延伸和探索方向,收敛式思维是发散式的出发点和归宿。也有学者在此基础上,提出了将两种思维整合在一起的新的思维方式。

3.论证型思维

论证型思维是围绕一个问题来进行论证,思维主体根据自身的需要选取材料,确定重点,进行推理式的思维。或者建立一种理论体系,在进行论证的过程中,使之更加完善。或者选择一个题目作为切入点,借题发挥,展开论证。设计师在进行创作时,往往会在某个设计中表现自己的设计审美,而不论这是一个什么样的项目,只是以形象自身的完整作为目标。例如美国建筑师弗兰克·盖瑞(Frank Owen Gehry)在许多作品中表现出强烈的雕塑性,为了标新立异,他不断探索建筑复杂和雕塑化的形式,创造一种抽象、扭转和变异的形式。表现出一种追求个人语言的主导倾向。他设计的巴黎美国中心、西班牙古根海姆博物馆等,都显示了雕塑性建筑的论证过程,都似乎是用许多造型奇特的体块偶然的堆积拼凑在一起的巨大的抽象雕塑。

4.联想型思维

联想型思维又称侧向思维,联想型思维是一种由此及彼,由一种现象联想到另一种现象的思维方式,它是形象思维的一个主要特点。

图4-5
德国大众汽车公司生产的"甲壳虫",简洁的造型和优雅的外轮廓线,成为汽车设计史上的经典之作

英国工业设计家弗雷泽·安吉沃特在他写的《设计美学》序章中首先所举的古代优秀设计家(最重要的)应当是中国的鲁班,他从高粱秸插成的蝈蝈笼子得到启示,创造了中国梁掾结构的建筑体系。而由西方建筑设计师主持设计的北京奥运会主场馆"鸟巢"与受中国古塔建筑形式启发的上海金茂大厦建筑造型无不是发挥联想思维创意的结果。

心理学家指出:想象是在过去感知材料的基础上,在语言的调节下,创造新形象的心理过程。它分为再创想象,创造想象和幻想三种。所谓创造想象就是新表象的创造。

联想是由一事想到另一事的心理过程。它分为四种形式:

①在空间或时间上相接近的事物形成接近联想;

②有相似特点的事物形成相似联想;

③有对应关系的事物形成对立联想;

④有因果关系的事物形成因果联想。

联想是一种创造思维方法,同想象有密切关系,它以记忆为前提条件,是把"记忆库"中的各种记忆元素提取出来,再通过联想活动把它们联结在一起,形成联想。联想是一种十分重要的心理活动过程,是一种使概念相接近的能力。联想可以克服两个或若干个概念在意义上的差距,使片段的、独立的想象组合为一个系统的整体,使混乱的想象转化为有序的想象。联想的越多越丰富,获得创造性突破的可能性就越大。这种思维活动进行的方式有可能从具体到抽象,也可能从抽象到具体。

图4-6

丹麦设计师约翰·伍重设计的

悉尼歌剧院 1957年

5.头脑风暴法

"头脑风暴法"(Brainstorming)是美国BBDO广告公司副总裁、心理学家奥斯本博士发明出来的一种创造性设计思维互动的组织形式。即以会议的方式,将专家、学者、创意人员组织起来,围绕一个明确的议题,借助与会者的集体智慧进行讨论,目的是运用风暴似的思潮以解决问题。这样可以通过集思广益的方式在一定时间内大量产生各种主意,产量越多,则得到的有用主意就越多。它强调自由思考,不受约束,因此,可以激发创造动因,同时通过相互启发,又增加了求异思维的联想机会,使创造性思维产生共振和连锁反应,以产生和发展出众多的创意构想。这一方法在美国广告界及工业设计界风行一时,近年来已开始广泛应用于设计教育之中。

6."戈登技术"

"戈登技术"是美国学者戈登(Gordon)于1961年提出的一种与头脑风暴法截然不同的培养创造能力的方法。它只是提出一个抽象问题,比如:"如何存放东西",然后要求学生思考存放的方式,可得到许多答案,而后缩小范围再作问答。这个方法可以有效地提高学生从本源出发理解事物,以"原创性"的创作理念为指导进行设计。这是一种围绕问题展开意念创造的设计教学过程,在形式上严谨有序,有利于集中学生的智慧,引导他们在有效的途径上发挥想象力和创造力。

随着创造性活动理论、现代决策理论、信息论、控制论、系统工程等现代理论与方法的发展及传播,人们冲破了传统学科间的专业界限,在相邻甚至相远的学科领域内探索、研究,使现代设计科学走上了日趋整体化的道路,促使单一的设计研究向广义的设计研究转变,从而形成了设计科学。

第二节　设计程序

一般的设计程序,是设计实施的一个过程,每一项设计都有自己的过程即程序。设计程序与设计方法又有一定的互为关系,并与设计方法相适应,如系统设计方法在一定意义上又表现为一种设计程序。设计程序因设计任务、目的、方法、条件等使设计程序有较大差异。一般而言,设计程序包括建模—对策—决策三个阶段,即目标—管理—设计—实现四大步骤。因此设计程序的确定也是一种设计。

一、产品设计程序

1.获取信息阶段

针对设计任务收集信息,在明确设计定位和设计诉求的基础上,需要尽可能全面、准确、直接地搜集与目标相关的信息资料。包括:社会经济环境情况和相关产品市场调查、目标消费者的需求动机和价值观念、企业竞争对手的相关资料、目标消费者对设计产品的期望值、产品制作材料与生产工艺技术资料、产品的销售渠道等。把以上资料加以综合整理、分析研究,从中寻求解决问题的设计方案,完成准备阶段的过程。

2.创造性设计阶段

在准备阶段研究分析结果的基础上,进行创造性的设计构思。构思阶段包括明确设计思路,运用创造性技法草图、草模等形式予以表现,包括结构草图、效果图;立体模型——比例、尺寸关系,体量虚实关系,色彩、装饰效果;方案图——简单视图、总体结构装配草图、零部件结构草图、色彩效果图等。其构思的形成过程,往往有助于设计思路的不断深化,以及出现多个不同思路的设计初型方案。

3.设计方案决策阶段

包括两个部分:一是对构思阶段的多个方案进行优化选择、比较,从中选出最佳方案;二是将该方案运用精确的表现手法使设计创意得到完美体现。包括设计策划书、各种表现图、设计模型及文字说明等综合形式,认真听取委托方要求和意见,完成最终方案设计。

4.显示、记录设计阶段

通过回顾该系统,提出各个环节项目的结论,把选定的方案具体化,并提供主要参考资料,以进一步研究各细节。

5.综合评价阶段

对设计方案尚需进行综合评估。包括需求、效用价值、销售诉求(设计本身对需求者的"解说"能力)、市场容量、专利保护、开发成本(包括研究、设备与模具成本)、潜在利润、设备与技术的通性、预期产品寿命、产品的互容性(新旧产品交替和互换与共容特性)、节能等方面。通过比较和综合评价,检验该系统,进行模拟实验,以确定实施的最佳方案。

6.设计管理阶段

对设计项目的全过程进行监督管理,以确保实施过程能全面准确地体现设计师的设计意图,保证设计成果能达到相应的质量水准。产品设计还要进行试产(性能测试)和批量生产两个阶段。并建立完备的资料档案,对市场进行跟踪调查、搜集相关的客户反馈信息,发现具有潜在价值的新的需求内容,为下一步调整和开发新的产品设计作准备。

随着对设计管理认识的深化,企业目前已经不仅仅要求内部的设计部门或专业的设计公司为他们提供产品的外型设计和解决工程技术问题,而是更加要求他们提供完整的一揽子设计配套服务,即提供市场调研、顾客研究、设计效果追踪、人体工程学研究、模型制作和原形生产,一直到产品的包装和促销的平面设计活动等。

二、概念产品设计程序

概念设计是指在现实技术条件和规范下,针对具体项目(或产品)所进行的设计活动,是产品设计过程中最重要、最复杂、最不确定的设计阶段,其结果是可以得到实施的方案。因此,也被认为是产品形成价值过程中最有决定意义的阶段,它是设计理论中研究的热点。它需要将市场运作,工程技术、造型艺术、设计理论等多学科的知识相互融合、综合运用,从而对产品作出概念性的规划。其中,包括概念产品的总体性能、结构、形状、尺寸和系统性特征参数的描述;根据市场需求和产品定位而对产品进行的规划和定位;如何形成产品设计的依据,并用以验证和评估对市场需求的满足程度,以便制订企业所期望的商业目标等。概念产品虽不是直接用于生产、营销、服务的终端产品,但它是对设计目标的第一次结构化的、基本的、粗略的,但却是全面的构想,它描绘了设计目标的基本方向和主要内容。

某大型国际设计与咨询机构描述它的概念设计目标为:在项目概念设计(Project concept)表述阶段,为项目进行咨询并收集与分析信息、包括确定生产技术和产量、生产工艺设计、现场踏勘、场所选定。在概念设计实施阶段还要进行公共资讯与信息分析、确保项目的战略决策的贯彻,避免重大的环境风险和社会风险(如技术与非技术劳工情况,政府和非政府的政策以及对项目支持的程度等),使项目收益达到最大化。产品的最初开发阶段,即概念设计过程应包括以下程序:

(1)确定并清晰描述产品的中心功能:分辨待开发的产品与现存产品的界限,理解用户的需求和观点。

(2)描述用户的角色及其需求:罗列目标用户群体,分析其使用产品时处于何种状态和角色,了解对他们来说最重要的是什么,比如提高做事效率,有成就感等。

（3）分析设计任务的主次先后确定设计目标和限制条件:应有明确的手段(如功能测试)来度量设计任务的完成结果。必须理解设计任务需在限制条件下完成,设计的发挥受限制条件的制约,所以首先要分析产品的功能和工作方式,列出产品技术属性以及与其他产品的关系等。

（4）设计产品的大致结构和外观形态:需考虑产品的审美要求、操作方式以及人因要素等,尝试表现产品的外观效果。

（5）综合产品的形态与功能:描绘出若干整体设计草案,它们将影响后续的局部设计(工程设计)。

（6）评价设计结果:采用多种测评手段(如直观推断和功能测试)检验设计目标的实现情况。

实践证明,一旦概念设计被确定,产品设计的60%~70%也就确定了。因此概念设计是设计过程中一个非常重要的阶段,也是产品设计过程中最有价值的阶段,它已经成为企业竞争的一个制高点。

第三节　设计与策划

设计策划是战略谋划的智慧,是关于经济、社会以及人自身发展战略的构思过程。自从人类社会出现了对立和竞争,就产生了人的战略思维,只不过这种思维是原始的、古老的战略思维。随着时代的进展,科学的理论、方法不断的涌现,战略策划已从个人的经验上升到有一定规律的群体活动,逐步迈向系统化、科学化,形成一门跨学科、多角度、多层面、多元化的学科。在当今科技的迅猛前进和人类社会生活的不断发展,市场竞争激烈的条件下,每一个人、每一个企业、每一个组织都要为自己的生存与发展在竞争中占得领先优势,这其中一个最重要的手段就是策划。美国加州大学心理学博士苏珊指出:"策划是个有科学性的系统工程,是集诊断、调研、思考、创意、设计、决策和实施于一体的智慧结晶"。所谓策划学,就是以各种策划活动及其过程、关系为研究对象,以揭示策划活动规律、总结策划的原则和研究策划所需要的现代方法和技术为基本内容的综合性学科。

21世纪以后,我国城市的商业环境、旅游事业、公用事业等建设都在逐步走向现代化,大到城市规划、管理,小到车站、航空港、广场、居民小区、街道绿化、城市小品、候车厅、道路及室内外公共环境等,都朝着科学、经济、合理、高效的方向发展。这些领域的规划和设计工作必须首先考虑系统、整体的需要,再进行综合分析(如国家政策、规划、经济投资、环境保护、人流性质、功能分类、安全防护等)制定出设计开发的总体规划及一系列相关的策划方案,再由各从事环境艺术、视觉传达等设计的专业人员,分别具体负责设计实施。

设计引领创新,把设计放在足够高的层面成为一个领导层的坚定的战略目标,这一点正是中国工业化过程中需要认真思考的。

对企业而言,设计由于其赢得市场的战略作用日益凸显,对其重要影响可谓与日俱增。设计策划作为新的研究领域,将传统的设计理论和企业的策划与管理理论相融合,预示了设计研究和教育发展的新方向。

为了适应经济的全球化发展和企业的全球化竞争,适应不同区域群体的多样化需要成为企业转型的重要一环。社会经济的发展经历了大批量生产、大批量销售的时代,社会的消费结构从追求数量到质量的变化转移。而设计师的作用和角色也发生引人注目的变化,开始从被动转向积极活跃,从迎合市场转向创造市场。设计也从受限于功能和技术制约的被动需求和注重于产品的风格形态扩展成为企业主动创造市场的竞争战略。如今,人们对设计的认识,已从单一、具体的产品设计范畴转向系统、整合的概念。设计更多的与企业的市场营销、市场策划、品牌战略与设计管理等发生了联系,其中,最重要的就是设计与企业的市场发展战略息息相关。我国的工业设计与国际水平存在着巨大的差距,一个很重要的因素是设计领导力的建构较弱。成功的领导型企业设计人才能把设计的作用发挥得淋漓尽致,使设计与企业的战略有机结合,构建企业的核心竞争力,成为推动整个国家设计行业发展的动力。

设计作为一种战略决策影响到企业的战略定位、产品开发和竞争机制,是企业根据总体发展目标,制订和选择其实现目标的设计开发计划和行动方案。因此,设计由于基于知识创新的本质和综合多学科的特点,成为信息时代和知识经济社会中企业发展和竞争的重要依据。

设计策划作为针对市场开发进行的战略谋划,体现了企业的总体战略思想和文化原则。设计策划应包括:

（一）市场策划

企业应当为市场开发和设计什么样的产品？怎样开发和设计？需要对产品开发并投入市场的战略规律因素、运行手段与特征等进行研究与策划。

（二）以消费者为中心的生活形态研究和开发

在市场竞争和产品开发中，对消费者的需求这一主体与核心的研究，是企业获得成功的关键，也是决定性因素。

（三）企业形象与产品识别

在设计战略中，企业形象主要指品牌形象、产品形象和服务形象。因此，在产品开发中强化产品整体形象识别的风格化表现，一方面有利于树立规范统一的企业形象，另一方面在展示产品品质风格的同时，可以传递企业独特的文化内涵。

（四）建立产品造型的文化性主题

目的在于：第一，提升产品、企业在市场竞争中的形象与地位。通过揭示产品主题具有引导性和前瞻性的重要价值。第二，增加产品的人文价值，更好地满足消费者的心理诉求。第三，通过建立主题确立产品造型的"原创"依据，是使产品从整体造型到细节处理达到统一性、完整性的设计策略。

（五）前景发展策划

通过未来学家的预测，对未来消费者生活方式与消费模式的研究与开发，提出前景战略的发展方向与趋势分析，从而为企业决策层提供参考。

（六）整合性设计开发过程

现代设计需要采用整合性和互动性的架构。它要求工业设计部门、视觉设计部门、生产部门以及工程与销售部门都要进行统一协调与配合，通过设计管理方面的整体运作，取得与战略目标一致的最终效益。

（七）设计战略定位

包括市场目标定位：所要采用的技术状态与条件；将可能采取的设计战略方向与拓展领域，围绕这一领域可能采取的手段与策略；确定产品的特色范围与产品线的扩展结构，制订近期与中期产品的发展计划；针对将要开发产品，确定其进入市场的时间、地点和条件；制订策划方案与实施计划。

（八）设计策划的执行力

战略层、设计层和操作层是设计策划体系中几个重要的层面。它涉及企业设计战略的决策、计划与定位，通过各个层面的互动和联系,构成设计战略的整体框架和体系,实现设计策划的系统实施与执行。

设计策划的概念是在中国企业由生产型向市场开发型转变过程中提出的,它有助于提升企业对设计的整体战略的认识,对转变企业观念有积极的意义。

第四节　设计与文化创意产业

创意产业(Creative Industry)之兴起源于创意产业创新理念的发明,是指通过创新及设计使文化产生更大经济效益。它是在全球化的消费社会背景中发展起来的,推崇创新、个人创造力,强调文化、艺术对经济的支持与推动的新兴的理念、思潮和经济实践。

一般欧洲国家对创意产业的定义是指源于个人创造力、技能与才华的活动,以及通过知识产权的生成和取用,这些活动可以创造财富与就业机会。在这样的定义下,约有13个产业部门被划归为创意产业,它们包括广告、建筑、艺术品与古董、手工艺、设计、时装设计、电影与录像、互动休闲软件、音乐、表演艺术、出版、软件与计算机服务、电视与广播等。这是一个充分利用人才丰富、受众聚集的都市优势,扶持推动高附加值的、可持续发展的产业类别。

随着经济全球化趋势的加快和科技水平的提高,文化创意产业呈现出前所未有的发展前景,据统计,全世界文化创意产业每天创造的产值达220亿美元,并以5%左右的速度递增。正在成为21世纪全球最具商业价值和文化内涵的朝阳产业。深入研究当代世界文化创意产业的发展,准确把握世界产业发展的动向,对于中国文化经济战略来说具有重大意义。联合国贸易和发展会议(贸发会议)2008年1月14日发表公报指出,创意产业已经成为世界上最具活力的经济领域之一,为经济增长提供了重要的推动力。

欧洲云集了众多文化创意产业发达的国家和著名的创意类企业,其中英国曾经是世界制造大国。进入后工业时代,为了调整经济发展模式,生产高附加值产品,为国内劳动力提供更多更好的就业机会,遂成为英国政府所面临的挑战。在这一背景下,英国成为世界上最早将"通过发掘个人创造力、技能和天赋的经济属性来创造财富和就业机会"的所谓文化创意产业作为发展战略的国家之一,也是世界上仅次于美国的第二大创意产业强国。因此,来自英国的优质设计随处可见。目前全球生产的每一辆车的原型中,都有英国皇家艺术学院学生的创意。香港国际机场、香港汇丰银行总部、德国国会大厦,都出自英国建筑大师诺曼·福斯特之手。英国的伦敦更是有着创意产业之都的美誉。英国政府在理念前瞻、战略重视、机制创新、执行到位等四个方面,有所为有所不为,充分调动、保护、尊重了市场、人才、企业的创造活力,推动了文化创意产业的发展繁荣。

美国的迪斯尼世界的诞生,首先要归功于富于想象力和创造精神的美国动画片大师沃尔特·迪斯尼。一个娱乐品牌,2005年Interbrand/Business Week 的世界100强品牌(按照品牌价值)排名为第7位。迪斯尼乐园是一座主题公园。所谓主题公园,就是园中的一切,从环境布置到娱乐设施都集中表现一个或几个特定的主题。全球已建成的迪斯尼乐园有5座,分别位于美国佛罗里达州和南加州以及日本东京、法国巴黎和中国香港。中国内地正在建造第六座迪斯尼乐园。

迪斯尼公司CEO艾斯纳说:"要说什么决定成功,不管什么行业都一样。归根到底,你不管做什么事都应该追求卓越。"

20世纪90年代末,韩国提出了"文化立国"战略,确定将低消耗、无污染、立足于创新创意的文化产业作为21世纪国家经济发展支柱加以扶持。韩国从20世纪60年代初人均GDP不到100美元,到2007年人均GDP达20 000美元,仅用了不到50年的时间。韩国经济规模总量居世界第11位,已成功实现由制造国家向设计创新国家的转型。根据英国设计联合会的分析,在韩国设计投资仅占技术投资的1/10,回收时间却比技术投资快3倍。正是遵循这一"设计先行"的发展模式,韩国经济在完成经济转型升级中获得了强大动力。将产品附加值从工程师手中转到设计师手中的"设计经营"理念,已成为韩国企业普遍认同的金科玉律。

文化创意产业最核心、最本质的东西就是创意、创造力。我们可以从这些设计与文化创意强国的发展经验中,得到"他山之石"的参照和借鉴。

第五节　设计与管理

设计管理(Design Management)在20世纪90年代作为一门新兴学科被列入发达国家的设计教育体系。它是对设计资源的有效利用和设计过程有效控制的方法进行理论化、系统化总结与探索的科学。它既是设计的需要,也是管理的需要。

从管理学的角度而言,管理通过计划、组织、领导和控制工作的诸过程来协调所有资源,以便达到既定目标。设计管理也不例外,它的实施也是在这一系列过程中通过协调各种设计资源,最终使设计达到预定结果。其目标是将企业的各种设计活动,包括产品设计、环境设计、视觉设计等合理化、组织化,使这三个领域成为一个有机的整体,创造出富有竞争性的产品和鲜明的企业形象,使企业在激烈的商战中立于不败之地。

由于设计职业的划分越来越细,设计活动成为一种群体行为,要使设计达到最大的功效,就必须对设计进行有效的管理。

设计管理是关于一个组织如何传达它的观念、文化产品及服务的一种活动。真正的价值在于持之以恒地协调各种价值观念,推广这些价值观念,并组织好设计活动的高效实施和运作。设计管理是一种策略,也是一种目标明确的组织过程。从长远关系看,产品、信息传达、环境以及服务都可以被看作一个系统,其连通性说明设计职能贯穿于企业的所有活动。CIS战略,便是企业统一形象系统管理的组成部分。在CIS设计中,首先是MI(企业经营理念)其次是BI(企业实施战略)最后才是VI(企业视觉识别系统)这三个部分可比作一个人的有机体。MI是其"思想",BI是其"行为",而VI仅是其"穿着"。

由于设计活动贯穿于经营活动的全过程,所以设计活动能够保持企业统一性的形象出现,从而保证了产品与企业达成的统一概念。世界上相当多的著名公司将企业文化、设计风格一贯地融入到不同类型、不同型号的全线产品中,给人以独特的企业化产品形象。如PHILIPS公司的产品饱满而富有张力的产品造型、丰富而流畅的线形变化,准确地传递出人性化的设计理念。索尼公司则在产品形象上的战略性管理中明确提出自己的检核标准,并且将索尼风格的设计定义为企业观念与设计哲学,凝聚为"简洁、精致小巧与易于识别"的产品形象与设计理念。因此,设计管理就是要

图4-7
[意大利]恩佐·马瑞设计的Aita Pressione高压锅　1998年

保证企业的品牌策略被始终如一地贯彻到全部产品和各种传播媒介的设计中去,用于成功地传达品牌形象。

　　成功的设计管理需要规范化,并保证设计能够真正符合目标消费群的需要。设计管理应包含的商业目标有:

　　(1)实现产品设计策略和方针;

　　(2)强调品牌识别特征;

　　(3)避开价格战(低价竞争);

　　(4)产品的特性及将来如何开发;

　　(5)利用新技术产生效益;

　　(6)与消费之间重新建立联系;

　　(7)培养崇尚创新文化。

　　柯达公司设计资源中心经理帕特·弗尔克(Patrck Fricke)认为:有效的设计管理能为企业创造令人瞩目的价值——无论是有形的还是无形的价值。无形方面,设计管理通过产品与消费者之间建立情感联系。那些随着时间的积累而出现的经验、新颖的使用方式,信息传达、材料以及结构、字体、产品的效用和最后处理、加工等都影响消费者对企业的看法,而这些看法又会进而影响消费者对企业的描述和评价。这些描述和评价将进一步商业化并带来利润,就像信息被转达成产品形态、色彩、质感和人机互动方式语言一样。

　　有形价值方面,指的是设计方法。优秀的设计方法会影响企业的形象、常规活动,并能与企业的战略目标相协调。好的设计管理能够在设计开发的早期就将设计与实用联系在一起,使设计的方法与最终目标、生产效率、投入市场前的进度表之间的关系以及运用设计方法对它们进行调控。目的在于对设计实施过程进行有效的监督和控制,确保设计的进度,并协调产品开发与各方关系。由于企业性质和规模、产品性质和类型、所利用技术、目标市场、所需资金和时间要求不同,企业在制定设计程序管理上也随之相异。如英国标准局"BS 7000:1989"手册,将产品创新程序规定为动机需求(动机—产品企划—可行性研究)、创造(设计—创造—发展)、操作(分销—使用)、废弃(废弃与回收)四个阶段。日本国际设计交流协会为亚洲地区制作的设计手册为:"调查"(调查、分析、综合)、"构思"(战略、企划、构想)、"表现"(发想、效果图、模型)、"制作"(工程设计、生产、管理)、"传达"(广告、营销、评价)五个阶段。然而,不管如何划分,都应根据企业的具体情况实施不同的设计程序管理。

从设计管理的基本内容上看,包括了三个层次:

(1)企业设计管理。也称战略性设计管理。包括:建立有效的设计管理组织,对设计进行管理教育,对经理进行设计教育,建立完整的企业识别体系 CIS。实施战略性设计管理有利于企业文化的整体塑造,它可以用来控制企业的设计活动,全面、正确地体现企业精神、经营思想、发展战略。

(2)商业开发设计管理。指新产品和为推广这些产品所进行的战略性管理和策划。

企业经营的核心目的就是为了赢得市场,增加销售并产生价值。而新产品的设计和推广正是通过管理把设计、生产、技术和消费者紧密地联系在一起。

(3)设计师管理。也称功能性设计管理。包括:设计事务管理、设计人员和设计小组的管理、设计项目的管理,以保证企业具有一个运转良好的设计部门,它作为企业在设计方面的智囊,实施具体的设计任务。

对企业而言,如何扩展设计管理的功能,提高设计的价值,是公司内部永恒的研究课题。

西方学者曾将设计管理中的合作设计管理、设计组织管理、设计项目管理三个不同层次的管理赋予了相应的标准,即战略标准、战术标准和操作标准。

西方学者詹斯·伯明森曾提出设计管理的12条原则,分别是:

①设计管理作为一个管理工具;

②得出正确的定义;

③为优秀的设计创造一个交流的场所；

④循序渐进地介绍设计；

⑤用设计创造出目标的统一；

⑥寻求挑战，鼓励革新；

⑦为目标确定设计纲要；

⑧确认一个好的想法；

⑨接受任务的限制条件；

⑩在会谈与补充的技能之间确定设计；

⑪在使用者与用品之间寻找差别；

⑫在形象与自身之间创造准确的反馈。

创新设计的背后其实是一套科学的方法，每个设计也都有自己的生命周期，这必须是一个比较长远的规划。一个产品在战略层面需要4至5年的时间，理解市场与科技的趋势研究。集中在真正项目的时间可能就是12至18个月，接下来就是与生产和市场部门的合作，产品与市场的合作。前者是概念设计，后者是细节和工程的设计。产品提供到销售层面后，设计要对细节和改进做支持，最终对运营和回收做支持，并学习获得信息反馈，这是设计在产品生命周期的管理。

创意产业之父约翰·霍金斯说："创新，其实主要是如何管理那些能产生好点子的创意人才，然后使得这些点子能被大家认同并且产生效益。"在创新设计管理的整个体系中，人的作用是巨大的。好的设计管理就像完美的交响乐，而承上启下的关键人物是设计管理中的指挥家。日本三洋电机公司前总经理井植薰先生曾说过，何谓经营之本？就是"造就人"！先制造优质的人，再由优质的人制造出优质的产品，这样一来，企业才能兴旺发达。

对于管理者而言，最重要的是通过建立合理有序的设计组织结构，为设计者提供和创造一个有利于产生优秀创意的环境条件，并在设计过程中不断的给予引导使设计不断得到提升，保障设计的实施和创作构思的高质量完成。B&O公司的设计管理负责人J.巴尔苏是欧洲设计管理方面的知名人士，他在谈到自己的工作时说："设计管理就是选择适当的设计师，协调他们的工作，并使设计工作与产品和市场政策一致。"

作为设计管理的手段，最典型最能体现其管理效能的莫过于企业识别系统（CIS）和以战略策划企业文化。企业的CI战略，实质上是将企业的各种行为，各种表现统一在其企业理念和文化的管理活动中。通过设计和制定CI手册，作为推进企业内部管理的法规,统一提升企业的管理水平和战略规划,保证企业自觉朝着正确的发展方向进行有效的管理。

现代管理学包含系统原理、"人本原理"、动态原理、效益原理等,在CI战略开发设计中均得到运用和体现。

以CI为手段的企业形象塑造一方面强化企业的经营管理、增强企业竞争力;另一方面对企业形象进行系统、规范、统一的管理,极大地优化了企业的形象力,为企业的生存发展打下了良好的基础。

设计管理作为管理设计的工具,必须在科学的层面上乃至哲学的层面上开展,并得到充分的实施。它的工具性决定了它是可变的、灵活的、发展的、同时又必须是科学的、理性的、符合规范的。

设计管理在体验经济模式的时代将在更为广泛的层面上起作用,也将在企业的战略决策中变得更为有分量,我们不仅要建立一套具有自己个性的设计哲学,同时也要建立一个能够把设计管理提升到战略管理高度的管理机制,让设计管理成为企业战略决策的一部分,以保证企业的持续创造能力,为企业赢得持久的核心竞争力。

第六节 设计与市场营销

美国著名市场营销学家菲利普·科特勒对市场营销的概念定义为:"个人和群体通过创造产品和价值,并同他人进行交换以获得所需所欲的一种社会及管理过程。"由此可见,营销是指与市场有关的人类活动,是通过市场作用满足人们现实的和潜在需求的活动,并具体表现为通过一定销售渠道把生产者与市场联系起来的过程。而设计营销是指设计主体为了达到一定的设计目标,依据其营销理论、方法和技术,对设计对象实施市场分析、目标市场选择、营销战略及策略制定,营销成效控制的全部活动。即设计营销:一是who,明确主体,由谁营销,现代社会更强调群体;二是whom,明确客体,谁是营销对象,或是设计的对象;三是why,明确目的(任务),要达到特定的设计目标,这即包括了设计产品通过营销而被消费者所接受、使用,也包括了设计产品符合市场要求,甚至引导了人类生活方式的科学发展;四是what,明确依据(方法),设计营销依据专门的营销理论、方法与技术;五是where ,明确地

图4-8
卡尔顿书架设计 ［奥地利］
埃特·索特萨斯 1981年

点,设计营销的全部活动过程,由市场调研至售后服务;六是how,明确手段(职能),即四项职能操作——针对设计对象分析市场、选择目标市场、制定营销战略及策略和控制经营的成效。

市场营销活动中的一个重要环节就是视觉传达设计,它是整个企业在激烈竞争与变化的市场环境中针对具体的目标消费群体所进行的一种信息传播活动。在此过程中,目标消费群体的确定来自于市场的细分。所谓市场细分,就是营销者通过市场调研,依据消费者(包括生活消费者、生产消费者)的需要和欲望、购买者行为和购买者习惯等方面的明显差异性,把某一产品的整体市场划分为若干个消费群(买主群)的市场分类过程。在这里,每一个消费群体就是一个细分市场,亦称"子市场"或"亚市场",每一个细分市场都是由具有类似需求倾向的消费者构成的群体。因此,分属不同细分市场的消费者对同一产品的需要与欲望存在明显的差异性,而属同一细分市场的消费者,他们的需求与欲望则比较相似。

在产品日趋同质化的今天,尊重消费者个性的产品设计营销,不仅为商家赢得了商机,同时也极大地满足了消费者的心理需求。如可变脸的手机、可改变携带方式的随身听，V@MP手表式MP3不仅可以佩戴在手腕，还可佩戴在臂膀、腰间或胸前。荷兰的"超形"家具可由使用者在"超形"之间随时变化相互作用决定其功用。它特有的起伏表面，可以让使用者随心所欲地躺、坐、仰、侧、伸、曲等，具备了床、椅、躺椅等使用功能。M-House是一种可随意改建的建筑物，其可移动的外部镶板能适应于不同的天气，甚至不同的心情等。

美国整合行销传播之父、美国西北大学教授唐·E.舒尔茨（Don E.Schultz）在《整合行销与传播》一书中认为：在势均力敌的商场上，企业唯一的差异化特色，在于消费者相信什么是厂商、产品或劳务以及品牌所能提供的利益。诸如产品设计、定价、配销等行销变数，是可以被竞争者仿效、抄袭甚至超越的，唯独商品与品牌的价值存在于消费者的心中。因此存在于消费者心智网络（mental network）中的价值，才是真正的行销价值。我们发现，过去使用多年的营销技术与方法都是一些不同形式的传播与沟通。举例来说，产品设计就是一种沟通。一个经过设计的电动开罐器的功用与手动开罐器相同，然而经过产品设计后，电动开罐器的制造厂商就与消费者沟通一种不同的讯息、感觉与价值观。商品的包装也是如此。包装粗糙的化妆品，其功能与精致包装的化妆品可能是一致的，但是它们沟通的内容却不一致，认知的价值（pirceived value）是不同的，因为消费者的认知不同。销售通路的状况更是如此，同样的产品在超市销售和在百货公司或专卖店销售，感觉就是不一样。所以，事实上，营销可以说就是传播，而传播几乎就是营销。就营销过程来看，从产品到服务的发展开始，到产品设计、包装、再到选定销售渠道等，都是在跟消费者进行沟通。让消费者了解这项产品的价值以及它是为什么样的人而设计的。这说明，即使在物质商品中也渗透了越来越多的非物质因素。所谓"商品美学"，即商品外观设计、包装、广告等在商品生产中占据了重要的位置，甚至在商品构成中起到了支配性作用，直接制约着商品生产、销售和消费等各个环节。由于商品的符号系统和外观形象对于控制、操纵消费趣味和流行时尚具有至关重要的作用，以至于形象自身也变成了炙手可热的商品。诚如法国的后现代消费理论学者鲍德里亚所认为的那样，在当今西方社会，人们消费的已不是物品，而是符号——"为了构成消费的对象，物必须成为符号。"因此，满足基本的需要和具有符号的意义所指是消费社会的物品所具有的双重属性，无论是满足需要，还是作为表征的符号，事实上它们都是指向社会的。

正是为了满足形象消费和符号消费的需求,设计前所未有地在生产领域和社会生活中发挥着重要作用。例如,20世纪上半叶,美国通用汽车公司的成功被描述为复杂的营销策略,包括大规模广告宣传、以旧换新和分期付款的消费理财方式、奇特的造型式样等,以此战胜了福特公司仅靠在质量和价格方面"诚实"竞争的营销策略。在这一点上,通用公司是现代设计史上最先运用形式不断更新来实施技术功能"人工老化"策略的企业。通用公司认为当一项技术进入成熟期后,它的产品会因大量生产而迅速普及,但在新的技术发明尚未产生之前,企业所要做的就是必须维持该技术在消费者眼中时时更新的形象,这种时时更新的形象,被经济学家们称之为"边缘性差异"。通用公司为了取得竞争上的优势,设计师采用了华丽炫目的汽车外观设计从而可以按客户的身份地位来区分不同的市场需求。外观设计促使汽车产品流行的关键原因,是通用汽车公司总裁和设计师哈利·厄尔(Har ley Ear)推出了"计划性废止制"(Planned obsolescence)即在设计中有意识地使汽车在几年时间内老化而报废,从而推出新的式样。其目的是促使消费者追随潮流,放弃老式样,促进市场销售额上升。以美国为代表的这种设计营销方式,影响到其他方面,形成了现代设计一个很重要的特点。

成功地以新型设计产品适应并引领市场是日本索尼公司的法宝之一。索尼公司认为:不断了解市场商情与消费需求,只是跟着潮流的方式,难以取得主动,应该提出"创造市场"的口号,以取代"满足市场需求"的旧概念。1978年索尼公司推出便携式收录机"walkman",当时社会上许多人不能接受,认为戴耳机边听音乐边工作会导致分散注意力,易出交通事故,还可能破坏听觉,震坏耳朵。但是公司预见到产品将迎合青年人强调独立的自我意识的生活方式,坚持大胆投产,结果大受欢迎,如今"walkman"系列已形成了世界性的市场,使小型轻便好用的产品成为引领世界的设计潮流。

丹麦B&O生产的音响产品一开始就定位于追求品味和质量的消费阶层。这种定位确立了B&O公司独特的设计政策和管理模式,也形成了公司在市场上的独特地位和鲜明形象。20世纪60年代B&O提出了"B&O:品味和质量先于价格"的产品理念(B&O-fot those who discuss taste and quality before price)。这一思想也成了企业战略的重要工具,奠定了B&O传播战略的基础和产品战略的基本原则。此后，B&O设计便以一种崭新的、独特的风格出现于世人眼前。

目前世界上最大、最有影响的电器生产商之一的荷兰飞利浦（Philips）公司面对日益激烈的市场竞争，提出了"让我们做得更好"的营销理念，在设计战略上提出了"一个设计"（one design）的理念，即一切服务与设计相联。在公司内部非常重视设计与生产、市场、销售等部门间的不断交流与沟通，以便集思广益，求得一致，制造出不断出新而又最能适应市场需要、最具竞争力的产品。

由于各种商品都将持续地进入成长、升级与改善的过程之中，所以在其设计上，也将开始有类似时间概念的出现，这就是将商品未来可以成长或升级换代的程序与时间之间的关系，纳入到设计与营销思考的范围。

随着信息化、自动化、全球化的出现，营销的方式越来越多，人们设计了"全球工厂""元纸贸易""战略联盟""电视直销""网络营销"等各种生产和营销组织形式。在社会分工日趋细化的时代，"大而全""小而全"的企业已经难以在激烈的市场竞争中占据竞争的优势，商战的严峻现实需要众多的各具优势的企业联合起来，互相支持、互相补充，形成"全球工厂"。

耐克（NIKE）公司是世界上最大的旅游鞋供应商和制造商，公司将主要精力放在产品的设计和销售上，产品的生产制造主要在新兴国家和地区进行。耐克甚至连样鞋也不生产。这就是"全球工厂"的初级阶段。

康柏电脑公司为迅速进入自己并不熟悉的个人电脑市场，获得竞争优势，一开始就与十几家著名的软硬件公司，如微软、迪吉多等结成技术战略联盟，"借他人力量发展自己"。康柏电脑的大部分零件也采用外包的形式来组织供应，公司本身仅仅掌握快速的研究开发能力及行销网络。由于实行轻巧的高弹性组织，配合低价策略，康柏很快占领了个人电脑市场，成为全球个人电脑的著名品牌。

现代营销追求"产消者双赢理论"，即消费者直接参与到生产者企划、生产、经营全过程之中，并成为企业生产经营的中心和组成部分，产销走向一体化，构成产销共益体，建立一种满意的心理联结。这种双赢的整体效果就是现代工业设计所期盼的最佳境界。

未来的市场将不再只是由企业单方面表达自己对未来远景描绘的场所，消费者一方也会以购买选择的形式，来强烈地表达自身的意见。换句话说,整个消费市场将变成为一个以商品为媒介而让供需双方各抒已见的场合。

在追求可持续性发展的未来社会里,由于以最终完成品为消费对象的概念已经遭到淘汰。所以,商品及其使用的环境都变成了一种可持续性变化与不断成长的状态。在终止以废弃为主的消费行为必须依然持续下去的话,势必形成由服务业掌握产业界主流的社会构造,以从事商品及环境维护管理的产业将以供应适当零部件的方式,使社会整体消费维持在一个相对适宜状态。

设计离不开市场,而市场离不开消费者。为人设计,永远是设计的原创力。满足人的潜在需求,必能开辟新市场。设计不是以现有的市场信息为依托,而是以人类需求的新变化为导向。因此,关于市场营销学的理解与掌握对于设计的定位有着极其重要的意义。

第五章　设计的哲学

第一节　概　论

哲学作为文化的一种特有形式,是具体的自然知识、社会知识和思维知识的概括和总结,对人类社会和科学文化发展有着指导作用和智慧启迪作用。

从更广的意义上说,哲学就是创造观念形态、价值体系、构筑行为模式和生活意义的艺术。在这里,哲学和艺术已经融为一体。如今,设计的发展已经成为现代人类行为和生活的重要内容,成为人类社会的重要组成部分。从本质上讲,设计就是一个沟通"思"与"行"、理论与实践的重要哲学范畴。它不仅涉及广泛的知识领域,而且具有深刻的哲学含义。

设计哲学,是关于设计领域根本观点的学说体系,是设计的普遍知识的概括和总结。罗素说:"当有人提出一个普遍性问题时,哲学就产生了。"①设计哲学讨论的就是设计的普遍性问题。如设计与需求、设计的尺度、设计的内容与形式、设计的美学等问题。

设计成为一个独立的职业,是工业革命以后的事情。工业产品的生产和市场经济的发展凸现了设计的社会意义,使它成为生产—市场—生活之间的纽带。日本学者和明太郎指出:"哲学就是一种价值观"。设计的研究开始呈现出美学的人道主义情怀和内在的价值追求。伴随着社会经济的发展,怎样在产品中体现人们的生活理念和艺术追求,体现人们关于技术和工业发展的伦理价值观念,成了工业和技术进步过程中必须解决的问题,而这些问题的实质就是设计哲学的问题。如果我们仅把设计问题简单的看作是逻辑、程序和方法问题,那就很难解决科学与人文、技术与人性、现代主义与后现代主义之间的矛盾和对立。因此除了研究设计逻辑以及设计的过程之外,更需要一种新哲学思考,需要对整个文化的结构和态势作出新的调整。因为其超验性和综合性特点,使哲

---

①罗素.西方的智慧[M].北京:文化艺术出版社,1999:6.

学在探索人的内在需要和把握未来社会发展趋势等问题上有着重要的意义。由于研究视野、立场和方法的差异，哲学还会使相同的理论由于理解的不同而具有不同的内涵。这些不同一方面带来了讨论问题的难度，另一方面也呈现出不同的思考维度。

　　20世纪以来世界现代设计发展的历史告诉我们，大师的卓越源于他们站在哲学的高度去思考设计。德国的第一代现代主义设计大师格罗佩斯认为设计应对社会负责，他的设计哲学与德国传统文化一脉相传。在科学技术迅猛发展，社会发生巨变的时代格罗佩斯从肯定大工业文明、改善社会、提倡民主精神出发，提出功能第一，形式第二的设计原则，以提高全民社会水准为己任。他在功能与形式方面不断进行现代建筑设计的探索，发展了现代主义建筑的理论和艺术语言。正是这样的哲学思想，使他的设计思想影响了一个时代。德国的设计源于德国民族深厚的理性思辨传统和人文传统，体现出"视觉激情中的人文厚度"，既理性、冷静，又有很强的热情，这两种东西结合的作品就是一种精致、严谨，而又充满了视觉的张力。

　　意大利是个设计大国。意大利人视设计为一种文化、哲学，而不仅仅是理论与实践。意大利的设计在现代设计史上占有重要地位，在现代设计向后现代设计转变的过程中有着突出的贡献，意大利深厚的文化传统使其设计有自己独特的、不同于欧洲其他国家的特点。意大利的现代设计非常注重设计师个性的表现，注重设计师情感、个人心理在作品上的表现，同时又把现代设计中理性的内容、工业科学的方法体现在设计作品中，让使用者能够体验到更多的艺术感。意大利著名作家和艺术评论家乌贝托·艾科（Umberto Eco）在谈到意大利设计时不无自豪地说道："如果其他国家把设计看作是一种理论的话，那么意大利的设计则是设计的哲学，或是哲学的意识形态。"在产品设计中，意大利设计融入民族的文化理念，使整个设计建构在对人和对生活的哲学理解之上，并通过产品而传达出一种民族文化的和哲学的意义。早在20世纪50年代，意大利设计即开始实施"实用加美观"的设计原则。"工业设计"在意大利表现出浓厚的民族的意识形态，具有对艺术、文化的强烈追求，形成"意大利设计理念"。70年代名为"意大利，家用产品新风貌"的展览在美国现代艺术博物馆等地展出，从此确立了意大利设计的世界地位。设计师们的杰出成就，形成了"设计引导型生产方式"的哲学思想，使设计与生产形成了良性循环。

　　北欧国家的现代设计哲学是追求"人性化"。他们认为设计就是生活方式的体现,追求功能、舒适、价廉和高品位,主要源于民风的自然气息和人情味儿。宜家创始人英格瓦·坎普拉德说:"夸张一点说,我们的经营哲学,事实上也在为民主化进程做着贡献。为大多数人制造他们买得起的实用、美观而且廉价的日常用品,在我看来就是一种体现着实事求是的民主精神的行为"。北欧的设计把自然元素中的肌理、色彩和结构规律转化为最为基本的设计表现形式,而设计精神的激发,更多的是用"心"去思考外在的自然之性与主体世界的对应。设计的产品简洁、朴素。其"物以致用"的理念与中国传统观念有相似之处。

创造商业价值,推动市场繁荣是美国的设计哲学。美国著名设计大师雷蒙德·罗维让美国政府和企业家认识到设计能够创造市场奇迹,当欧洲的设计师在讨论设计的社会责任时,他意识到设计可以推动商业和实现经济繁荣。他曾说"丑陋等于滞销:对我来说,最美丽的曲线是销售上涨的曲线"。他的商业哲学对美国设计影响深远,表现了对社会政治、经济的深刻理解和从市场出发的人本主义思想。因此美国设计师能够比欧洲人更务实,更具有强烈的市场意识。

日本的设计被认为是精打细算的同义词,产品从功能到外形都被赋予一种高度的统一性和完整性。早在20世纪80年代开始,日本便提出了"设计是协调人的需求和机械设备之间的关系"和"方便使用第一"(Pirority on easy operation)的设计理念,产品使用方便是第一要素,必须是仅通过外型设计就能让使用者了解其使用功能,方便操作。正是基于这种认识,所以,产品造型也要表达为人服务的宗旨。我们知道的"无印良品"每年都会和深泽直人、隈研吾、坂茂等著名设计师签约,请其设计能够为大众所用的日常生活用品,而这些生活用品不仅设计卓越,品质精良,而且价格不贵。"无印良品"所倡导的"平实好用"是它的经营主张和设计哲学,而持有类似观念的设计师及具备这种品质的设计在日本随处可见。黑川雅之被称为日本建筑、工业造型设计界"教父级"人物,他提出在工业文明中融入自然空灵的和谐思想,一件件物化的工业产品,在他的设计下试图让人以最纯净的心态去体验生存的本真。对他而言,设计就是做减法,把简约之美做到极致,只留下最好的。他的室内设计,比北欧风格更好的体现了"空"和"无"的哲学思想。

日本时装设计大师三宅一生的设计被认为是汲取了东方哲学中人与自然相存相依关系的思想,创造性地在服装设计与裁剪领

图5-1
红帽子与黑色燕尾服 〔日〕
山本耀司 1985年

域,树立起了"人衣合一"的全新穿衣哲学。他运用自然概念的皱褶装方式与尽量减少裁剪与接线、保持一块布完整性的服装设计与裁剪理念,颠覆了西方传统的多片式剪裁的基本结构,被公认为是现代服装哲学的一大革新。

主要满足国内生活需要的传统手工艺产品设计不仅简洁、美观、精良,甚至精至极的设计思考与工艺,更体现了日本设计师对日本传统模具工艺技术的高度重视与对当代科学技术的广泛深入的运用,并将其发挥到淋漓尽致的现实,是"重技更重道"设计理念深入的结果。这是一种符合当代设计文化发展规律的设计观,它的特点是不仅注重设计技术的把握,更注重具有哲学意义的设计思想的体现。而这种对设计思想观念的倡导,不仅使设计在技术层面发挥了其张扬个性的原创精神,同时在整体风格方面也使设计得以进入一个深厚的文化层面,这是形成当代日本设计风格与文化的哲理思想最本质与典型的体现。

中国传统的设计处处都体现着传统中国哲学——儒、道、释三大思想体系的理论精髓。老子提出过"万物一体论",指出宇宙万物为息息相关而不可分割的整体。"天人合一"的哲学思想,主张自然与人的和谐统一,是中国文化在精神层面上、思想观念上的一个突出特征。这种自然与人的亲和关系,体现了中国文化精神的特质,对传统工艺设计的影响是十分深远的。中国古代的建筑、园林和工艺品物设计,十分注重顺应自然物性,遵循自然规律,将自然物性与人的巧思、匠心完美地融合在一起,以达到"天工"与"人工"浑然一体的哲学境界,从而形成了富有浓郁东方特色的设计文化。

西方从古希腊的人本主义到中世纪的宗教神学;从文艺复兴时期的人文主义,康德的理性主义,再到近代的科学主义、结构主义、现象学、符号学等思想流派,都深深地影响着设计的发展方向。

特别是到了20世纪60年代,法国当代哲学家德里达以其解构思想来"解构"西方传统哲学,并于70年代末成为后现代哲学场景的中心。其目标是消解西方传统形而上学所支配的二元思维模式,倡导多元论思想,对设计产生了深刻的影响,出现了与现代主义设计迥异的后现代主义的创造思维和设计方式,使过去单纯的实用品具备了多种语义功能,向世界展示了一个极富表现力的全新天地。

今天,人们从广泛意义上提到的"生态设计""绿色设计"和"环境艺术设计"等,实际上是从新的历史发展时期,越来越多的认识到了设计与生态环境的和谐关系是社会得以持续发展进步和实现

图5-2
环保材料制作的时装

自身最高价值的依靠,即所谓"天人合一",反映了社会发展过程中人与自然深层次的相互协调和共同发展的哲学思想。

未来设计首先要考虑下列问题:产品能否从长期意义上改善人类生存空间和环境,能否有助于维护全球性生态平衡及品质,是否能有效地控制产品的过剩生产。因此,展望未来,设计文明将优化现代工业"文明","少而优(Less but better)"将是设计的新的伦理规范和哲学思想。

设计师运用哲学之思去发现其中蕴涵着的思维方法和智慧,这些智慧是运动的、有生命的。对哲学的思考有利于我们在传统的结构和方法之外,在世界观、认识论、道德论、价值论等方面,形成新的设计内涵。因此,哲学是推动设计探索与不断前进的动力,哲学在确定学科和文化的发展方向等问题上仍然有着重要的意义。

套用建筑师泽德勒的话说:"设计归根结底源自哲学观念的变革,哲学新的变革又将展现出设计和文化新的发展趋势。"①

一、人的需要与造物行为

人类的造物活动是基于生活之需要,从而带有明确的目的性。如果离开了具体的实用目的,也就失去了它的价值。所谓"造物",是指人工性的物态化劳动产品,是使用一切可资利用的材料,制作成有用的物体或物品,它是人类为了生存和生活的需要而进行的物质生产。所谓造物活动,主要指人类造物的劳动过程、方式及其活动的向度和意义。人从自然的物质世界出发,通过造物的创造活动,开创了属于人类自身的"第二自然界"——人造物的世界。人的劳动,创造了人本身和人类社会,构成了人的生活方式的基础。历史唯物主义揭示了一个简单的事实:人类为了生存和延续的需要,第一个前提条件就是必须进行诸如衣、食、住、行、用等方面的物质生产。这种物品的获得需要通过一定的生产手段,即一定的生产能力或生产方式去作用于自然界才能得到,这个中介就是劳动。从人类造物的根本目的来看,人类的造物活动不是以造物为最终目的的,而是以满足人类的需要为根本目的,造物在这里不过是作为一种手段而存在的。因此,造物和造物活动的文化意义就明显地表现为两个方面:一是人类的造物与造物活动作为最基本的文化现象而存在;二是人类通过造物和造物活动建构了一个物态化的文化体系和实在世界。人类优于异类的最重要之处

---

①王岳川,尚水.后现代主义文化与美学[M].北京:北京大学出版社,1992.

图 5-3
表现结构与功能美的现代建筑设计

即在于造物及造物的文化性。从这个意义上讲,人类造物活动充分体现了人类劳动的伟大意义和价值。

二、人的需要的多层次性

所谓需要,是指人外界的某种依赖性。人要生存和发展,就要与外界不断地发生物质的、能量的和信息的交换,就要依赖于一定的外部环境条件。因此,人的需要是人对外界作用的尺度和中心,也是人生存和发展的必然表现。人的各种活动都是由需要产生,由需要所推动。马克思说:"人类自然发展规律,一旦满足了某一范围的需要之后,又会游离出、创造出新的需要。"因此,人的造物不仅满足需要,而且还创造需要。人的需要会不断随着社会物质生活和精神生活的提高而向前发展。

当代心理学研究表明,人的行为是由动机支配的,而动机的产生主要根源于人的需要。因此,需要—动机—行为—目标构成了人类行为的活动结构,呈循环和发展的过程。分析人们对产品的需要和动机,无论是设计师的创造行为,产品销售商的推销行为,还是消费者挑选、购买、使用产品的接受行为,都是以动机为起因的,动机决定了人的行为。人的需要是多层次的,有生理和物质的需要,还有精神的包括认知和审美的需要。美国人本主义心理学和哲学家亚伯拉罕·马斯洛(Abraham H.Maslow)在一篇题为《人类动机理论》的论文中,提出了"需求层次理论"。这一理论目前已成为心理学的基础,无论是消费心理学、广告心理学还是设计心理学,都是基于此理论而在具体领域中发展起来的。马斯洛在研究人类动机时,认为人的需要是由低级向高级发展的,他分五个基本层次或等级,即:生理需要——安全需要——社会需要——尊重的需要——自我实现的需要(包括意志自由;实现个人抱负、理想,发挥创造能力,各种认知和审美需要)。

设计的本质特性决定了它总体上所能满足的需要囊括了上述五大类。不同形态的造物,反映着人需求的变化和多元。人的不同需要导致了人为满足需要所进行的劳动生产和创造,人的造物行为和结果,不同的表现了上述五种需要的内在规定性。人的需求是随着时代和科学技术的进步而不断地变化着的,从人类创造的一般实用工具到艺术质的造物——工艺设计、工业设计产品的生产,这些不同层次的造物生产标示着人类上升的需求和追求。人类的全部实践活动,就是满足需要、创造需要、再满足需要和再创造的不息运动。需要越是多样,产品越是丰富。因此,设计是从"需要"走向"生产"的桥梁,为人服务是其出发点,并以满足人们日益增长的物质与精神的双重需要,创造更加合理的多元化生活方式为目标的。

三、产品功能划分与市场的需要

设计的对象是产品,但设计的目的并非产品,而是人的需要,即设计是为人的设计。20世纪60年代,布拉格学派的符号学家卡洛夫斯基在文化符号学的研究中,遂将产品功能概念划分为实用

图5-4
汉诺威公共汽车设计 ［英］
詹姆斯·艾尔文 1999年

功能和产品的语言功能,后来又进一步将产品的语言功能分为符号功能和形式审美功能。这是对产品功能概念的重要拓展。工业设计的伟大导师哈勃特·瑞德把实用物品的发展划分为三个阶段:第一阶段确定功能结构造型;第二阶段改进功能结构造型以达到最高的效率;第三阶段重新改进功能结构造型使其趋于自由并具有某种象征意义。这实际上说明了人类对产品物理、生理功能的追求,必将上升为对现实社会、心理功能的追求,这要求设计活动中需要充分考虑消费者的心理特征,其内容包括:

(1)消费者如何解读设计信息,消费者认识物的基本规律和一般程序;

(2)不同国家、不同地域、不同年龄层次的人的心理特征,不同特征的人群对色彩和形态的偏好;

(3)各个国家的设计特色,结合这个国家或民族心理特征的综合分析;

(4)如何采集相关信息并进行产品设计分析,研究消费者在决策、购买过程、由产品设计决定的各种因素等,内容十分丰富。

由此,我们把产品功能划分为实用功能、认知功能和审美功能。其中实用功能是指产品满足人生理或物质需要的性质。它通过产品的技术性能、使用性能和环境效应反映出来。认知功能是以产品语言的形式对产品类型、用途和意义的说明,在于发挥信息传达的符号效应。而审美功能则以产品的外在形态特征给人以美的感受,从而唤起人们生活的情趣和价值体验。美国西北大学博士、国际知名心理学家唐纳·诺曼,在他的著作《情感设计:为什么我们喜爱(憎恶)日常生活用品》中,根据产品和消费者交互的深度和广度,将设计分成三种:本能设计、行为设计和反应设计。所谓本能设计更多地考虑人体器官在触觉、视觉、听觉等方面的直观感受,关注的是产品的外表。消费者通过使用产品在生理感觉的层面上进行对话。在本能的基础上,人机交互向两个方向深化,从认知角度发展出行为设计,从情感出发,发展出反应设计。行为设计是关于使用的设计,使功能最大限度地符合人体和人的行为方式,让消费者能够很自然地学会操作。反应设计关系是消费者对事物的态度。生活经验告诉我们,消费者往往在使用产品出现错误时才关心技术问题,平时更关心的是产品能否给自己带来好心情。产品是否有利于人际交流,在给别人带来乐趣的同时,也使自己的价值观被他人所接受。产品在这里体现为交流的功能。

随着社会的发展,科技的进步,产品的功能越来越强大,越来越专业化。即随着社会分工的不断细化,生活的不断丰富,人们的需求将划分出更多的层次,所以产品的功能也将不断细化。而要准确地判断人的使用目的,最根本的自然是要研究作为特定社会、特定时代、特定环境、特定条件、特定时间范畴的"人",才有可能了解到这样一种非常具体的人的需求、动作、行为和心理,这个认识过程实质就是设计的市场定位和市场观念。一些"前卫设计"运用系统论方法、人体工程学、语义学知识对功能的内涵和使用方式方面有了新突破,并进一步确立了审美功能的意义,使设计更具生命,丰富活泼,注重产品的情感因素,特别注重各种人对美和生活方式的不同理解。后现代主义设计思潮的代表孟菲斯(Memphis)集团的创始人爱多尔·索特萨斯(Ettore Sotsass)在论及现代主义"形式追随功能"时,认为现代主义对产品功能的研究虽然促进了人体工学的新发展,满足了人体工学中数学和物理要求,但这是一种误解。他认为:"当你试图规定某产品的功能时,功能就可能从你的手指缝中漏掉了,因为功能有它自己的生命。功能并不是度量出来的,它是产品与生活之间的一种可能性。当查尔斯·依姆斯设计出他的椅子之时,他其实并不是设计了一把椅子,而是设计了一种坐的姿势。也就是说,他设计了一种功能,而不是为了一种功能而设计。"同时,他还认为功能不是一种生理的、物理的系统,而是一种文化的系统。设计师的责任不是去实现功能,而是去发现功能,从而满足消费者个性化和部分热衷于"赶时髦"的"新潮一族"的需求。

可以断言,个人的独特性将会成为21世纪社会发展的核心价值。现在提出所谓对标准化设计思想的终结,当然不是要求所有的商品都要以独一无二的设计方式加以生产,我们强调的超越规格化或标准化的方式,是需要很好利用标准化所形成的经济优势,为大量生产的各种零部件加上巧妙的、多样化的组合来变换设计,就可以实现个性商品的生产和对应生活形态多样化的需求,以及社会可持续发展的理想。

任何设计都是以其合目的性应用的实现为其价值标准的,这种应用是通过市场将设计转化为商品而体现的。因此,设计的最终实现与市场密切相关,并受市场的制约。设计具有鲜明的商品化特征,是设计与纯艺术的重要区别。

市场原理认为,市场是商品经济的范畴,哪里有商品生产,哪里就有市场。设计与市场的关系,实际上就是设计与消费的关系。在市场学中,市场也可以解释为消费需求,即市场——人口+

购买力+购买意愿。无论什么样的企业,什么样的产品,都是服务于市场,受市场所支配,受市场所制约的。市场决定了企业的规模,市场决定了企业的发展方向,市场决定了企业的管理、营销策略。市场竞争决定了任何企业都只能不断努力,积极进取,否则将被市场淘汰出局。从这层意义上来讲,设计不仅是满足市场的需求,同时也在创造需求,创造市场。

综上所述,设计的核心就是从人类需求的发现、分析、归纳、限定以至选择一定的载体和手段予以开发、推广。所以,"为人类创造更合理的生活方式"作为设计的目标并不抽象。从引导消费到创造市场,这一观点最早是由日本的索尼公司提出的。1969年,意大利设计师设计的"袋椅",以顺应人体姿势为准则而制成自由形态,它可根据人体姿势的变动而随意调整,此设计成为当时的一大杰作。日本索尼公司1978年设计的沃克门(walkman)袖珍播放机,称为"随身听",它使耳机打破了收听环境的约束,因而成为风靡全球的畅销产品。20世纪80年代后,发达国家的工业生产方式全面走向电脑化和自动化,同时消费者对产品的人情味、个性化和"流行时尚"感要求更高。企业也正由被动市场细分到主动细分市场。市场细分的目的是从分割开的市场内,辨认企业营销的目标市场,为自己的产品在目标市场上 "定位",并以此实施适当的营销策略,实现自身的价值。不少企业对其产品实行系列化、家族化设计。所谓"家族化产品"(Family Product)就是设计师在进行产品设计时,为同一企业生产的不同产品赋予相似甚至相同的造型特征,使之在产品外观上具备共有的"家族"识别因素,使不同的产品之间产生统一协调的设计效果。最典型的就是德国设计师提出并在企业中加以推广的奔驰汽车、宝马汽车、博郎电器等世界驰名品牌产品设计风格的形成。后来的PHLIPS电器、诺基亚、IBM、苹果等世界品牌通过产品"集群"设计塑造一种性格鲜明的设计形象,以突出的"家族化"特征,风格统一的群体形象,在市场上树立起最佳的企业形象。IBM明确提出"产品设计的功能就是创造品牌的形象",已经把工业设计的着眼点从关注产品本身转向了关注企业长远发展和创立设计形象的思考。

为了适应21世纪的市场竞争,欧美国家许多"高设计"的企业,出现了"设计形象"的新概念。所谓企业的"设计形象"(Design Identity)简称DI,是指由制造性企业推向市场的多种类产品,因其卓越的工业设计创新系统的严密策划与逐步推进,在市场与消费者心目中建立起的风格统一、特色鲜明的产品形象。使同一产品

图5-5
雷诺汽车公司设计的商务车

性能的优化、功能的增加、外观的变化不断进行改进,定期推出更新换代的系列设计,一代更比一代先进,向不同层次的用户提供不同的服务,把产品的创新开发工作从孤立的、单纯考虑某一产品的设计问题提升到系统层面,从"产品群"的角度对企业生产经营的各大类产品、同类中不同档次、不同市场面的产品之间的设计关系进行周密策划、系统控制、循序渐进地分步实施,从而不断满足和刺激消费者的需求,发挥出企业与品牌恒久的市场影响力,使设计在满足市场需求和创造市场方面有了更多的文化涵义和创新价值。

四、现代设计的基本原则和要求

设计除了按照"适用、经济、美观"的基本原则进行外,英国工业设计委员会顾问彼得·汤姆逊在中国讲学时曾提出了工业设计的五个原则,这些原则体现了西方工业设计在当代的一些本质内涵,可供我们参考:

(1)完整性原则:一件产品不可仅局部好看、好用,还必须强调其整体效果的完整性;

(2)变化原则:所有的东西都是在不断的变化之中的,人的需求、欲望也在不断改变,设计要了解人的需求的改变,并通过设计和创新来不断满足这种需求的变化,体现出时代的精神;

(3)设计资源:包括两个方面,一是工业方面的材料、能源、工具运用等,另一方面是设计师作为一种资源,是整个设计活动中的资源,量力而行,不断充实自己,使其得到发展;

(4)综合原则:即充分了解市场、消费、人的需求、工业技术等诸多因素,综合考虑,在设计中加以体现,以满足人多方面的要求。

(5)服务原则:也称需求满足原则。设计师的任务是把生产与消费联系在一起,为人设计,为人服务。

第二节　为人的设计

设计的目的是为了造物,为了生产,但从本质上讲,设计与造物一样是以人的需要的满足为目的的,设计的最终目的是为人而不是物的设计。因此,设计学是人学,是为人的服务学,它必须考虑人与物、物与物、人与环境系统之间的关系。人的审美尺度是一个统一体,这个统一体可以相对区分为两个方面,一种是自然性的尺度,一种是社会性的尺度。

一、设计尺度与人工学

20世纪初,德国心理学家L.W.斯藤首次提出了"心理技术学"的概念,设计中的心理因素得到理论性的系统化阐述,它包含了人与客观环境和社会环境的双重关系。到了20世纪上半叶,现代心理学家H.M.闵斯拖博格才真正把心理学应用于工业中,从而奠定了以人的因素,即人体尺寸、人体力学、生理学以及心理学为基础,研究人与外部环境的信息交换过程。心理因素包含着文化、审美、习俗、习惯、情感等因素和随机性;而生理因素主要指人体结构对物与环境的适应,对这两方面所作的综合研究,继而开发出人机环境系统设计及其合理性评估方法的新学科——人体工程学(ergonomics)。

人体工程学或人机工效学,在西方也称为人类工程学或人因工程学,在欧洲有人称其为生物工艺学、工程心理学、应用实验心理学以及人体状态学、人—机系统、动作与时间研究等,在日本称之为人间工学。

人体工程学的建立,是高科技时代的产物,是人类产品设计和生产向着高级化、人格化和完善化方向发展的产物,使技术与艺术在科学的,人性的基础上走向高度的统一。因而,人体工程学的基本任务就是研究人与人造产品之间的协调关系,通过对人—机关系的各种因素的分析与研究,寻找最佳的人—机协调关系,为设计提供依据。其中包括:

(1)人造的产品、设备、设施、环境的设计与创造;

(2)对于人类工作和活动过程的设计;

(3)对于服务的设计;

(4)对于人类所实用的产品和服务的合适程度的评估。

人体工程学运用科学的分析检测手段,对人与外界的各种接触和刺激如光度、音量、温度、触觉等反应,从生理学、心理学,人类学以及社会学等方面进行研究,得出科学而适用的基本数据,作为设计所考虑和依照的基本参数。如其中的工程人体测量学,研究用一定的仪器设备和方法测量产品设计时所需要的人体参量,并将这种参量合理地运用到设计中,其目的是为了从科学的角度为设计实现人—机—环境系统中取得最佳匹配提供精确地依据。人体工程学的研究方法主要有心理学测量法,包括精神物理学测量法、尺度法和官能检查法;动作、时间研究法;人体测量法或形态学测量、心理学测量法等。

人体的自然生理尺度通常是指人体所占有的三维空间。包括人体高度、宽度、胸廓前后颈以及各部分肢体的面积和组织结构等。它包括静态与动态两种生理形态特征以及这两种状态下产生的惯性、重心、速度等变化规律所体现出的体力与耐力程度。因此,应用最广、最基本的数据是人体尺寸测量法,即包括身高、手长、腿长、肩宽、人的体积、质量、体力和活动范围等数据。人体尺寸测量在国际上已建立了一套严密、科学、系统的测量方法,中国也已制定了相应的国家标准,包括人体测量术语、人体测量方法、人体测量仪等。

人体的生理尺度决定了人类感知外部事物的角度、范围及方式,也决定了与之相一致的审美价值观。也就是说,当人的自然尺度作为衡量的标准被用于规定造物尺度的同时,也决定了审美的尺度。

由此可见,人体工程学的科学研究是完美设计的一个重要基础。它所要解决的是人的操作与使用中与物的实际关系,即考虑如何使人获得操作简便而准确无误以及使用产品的适用性。

设计中的尺度观念从最初的"人出力的合理化"或"人的工作规律"深入到人性的多种层面,深刻揭示了尺度观念在设计领域中主观和客观的双重地位。因而,对"人的自然性尺度"的理解,必须考虑人体的生理因素、人的心理因素和产品的功能,并处理好这三方面的内在关系。

20世纪末,感性工学作为人体工程学在新的时代条件下发展而派生演化成的一个分支学科,被认为对把握21世纪设计方向具有某种指导意义。这门学科运用工学技术,将消费者所拥有的感性因素、知觉体验乃至情绪成分加以量化或数字化,并转化为物理

图5-6
中国古典风格的室内设计

性的设计要素,运用到开发设计的过程中。感性工学以消费公众为导向,重视他们的感觉需要和他们与设计师之间的感性沟通。通过人体工程学及心理学方法测量来把握消费者对于产品的感觉和评价,通过消费者的感性因素来探讨产品的设计特征。根据随社会变化的消费者感性偏好趋势来建立修正感性工学的系统构架等,成为这门新学科的具体研究内容。

二、人文尺度

马克思说"动物只按照它所属的那个种的尺度和需要来建造,而人却懂得按照任何一个种的尺度来进行生产,并且懂得怎样处处都把内在的尺度运用到对象上去,因此,人也按照美的规律来建造。"[①]哲学家认为人同自然界的物质交换本质上是形式交换。人类造物、设计在一定意义上说是一种创造形式的活动。通过设计、工艺加工过程、改造和塑形,使原有的对象发生形式的变化,产生新的形态和结构、功能。这也是劳动、设计的对象,人在这种对象化的过程中,不仅设计生产了为人所用的产品,满足了自身的各种需要,也确立了人自身的价值,确证了人类的存在价值和伟大意义。

所谓人文思想,即指对人性、人伦、人道、人格、人的文化、人的历史、人的存在及其价值给予全面地尊重和关怀。在此思想基础

①中共中央马克思恩格斯列宁斯大林著作编译局.马克思恩格斯全集:42卷[M].北京:人民出版社,2008:97.

上建立的人文尺度,与上面所说的"人的尺度"也不完全相同。由于设计所服务的对象不是抽象的或单纯生理学意义上的人,而是特定社会、历史和文化中具体的人、生动的人,因此,创造与评价设计的尺度就必然要包含人的历史、人的文化等相关因素的度量。

人文尺度的确立,目的在于重建和发掘设计的人文价值,为人类寻求、发现和设计出生活与生命精神的理想之境。这就决定了其关注的焦点必须从对设计物质形态自律性的认识转向对作为主体的人及其文化活动的把握,以谋求对当代人类的生存境域、行为根据、价值观念、生活意义、前途命运等同设计活动相关联的合理阐释。这样,设计活动就具有了人类文化行为的意义,成为一种价值的建构活动,成为衡量人的生命价值的内在尺度。

设计之发展得益于自然科学、社会科学和人文科学的共同成果,但就设计与人类生活的天然而全面的联系而言,它又具有更明显的人文科学的性质。在科学技术高度发达的当代,设计的中心问题不仅限于技术的范围,而更多的与人的精神因素和精神活动相联系、相渗透,设计的人文方面越来越凸现出来并为人们所关注。尽管设计总要以物质的手段和物质形态的成果去完成,但它最终所关注的却不仅是物质存在本身,而在于这种物质对人的生活和生命所产生的作用和影响。而人文科学正是以对生命的体验、表达和理解为基础,以人的生命现象和生命存在为对象,这就决定了它应当也必然成为设计学研究的根本方法。

为人而设计的思想使人类的设计行为进入了一个新的阶段,一个更符合自然规律和人性的自由境地。今天,设计产品的技术水平、市场需求、美学趣味等条件都在不断发生变化,设计牵涉到的内容十分广泛,比如生态、社会伦理、资源保护、法律制度等,它是在许许多多的因素交叉影响下的活动。为了健全和造就高洁完美的人格精神,如果我们离开了热爱人,尊重人的目标,设计便会偏离正确的方向。因此,设计的主体是人,设计的最终的价值尺度也是人。设计是立足于人类共同的、根本的、整体的需要和利益,是把人类的和社会的可持续发展作为一切设计的根本出发点和根本的价值前提。

新的设计,必须回归人的全部现实生活。设计中对人的全力关注,把人的价值放在首位,设计才会永远具有人类生命的活力。

现代设计的发展已成为连接技术和人文文化的桥梁,抒情特点和诗意情感的表达成为优秀设计作品的特征。人们在希望设计能够提供更好功能、表达更多人情、个性的同时,也期望设计还可以包含更多人文价值。

三、感性工学

据《现代汉语词典》,"感性"一词是指"属于感觉、知觉等心理活动的认识"。该词来自日本语,是明治时代的思想家西周在介绍欧洲哲学时所造的一系列用语之一,如"哲学""主观""客观""理性""悟性"等并一直沿用至今。

在中国,"感"的基本含义有两层,其一:"格也,触也。"即人的第一信号系统对外物的感知;其二:"感者,动人心也",感就是心有所动。这里,"感"既是一个生理过程,又是一个心理过程。"性"的含义则很复杂。作为一个哲学范畴,"性"在中国主要指本能、欲望和情感。所以,中国古人说 ,"生之谓性。"[①] "凡性者,天之就也。"[②]。

从这些解释可以看出,感性可谓由心而发,是感觉、情绪、渴望,是人在内心对事物的一种判断。感性作为认知学里的一个分支,其在人机交互较多的学科领域上已经产生很大的影响。

感性在产品设计领域的发展可分为三个阶段,分别是现代主义时期、后现代主义时期和多元化至今。

第一阶段:由于战后物资匮乏,同时经过工艺美术运动的冲击,现代主义时代以"形式追随功能"为设计原则,所有的产品都以功能至上,形式被简化到极致,甚至所有的产品都有简化为方盒子的趋势,很少有人想到人的感性需求。

第二阶段:人们真正开始关注"感性"这个词,是从20世纪80年代开始的。在80年代中期,随着人们对产品个性以及个人情感的要求越来越高,大批量生产的产品已经很难满足消费者的个性需求。消费者对一个产品的关注,不再仅仅是实用功能,同时也关心其情感方面的价值,甚至有的消费者对后者的关心程度比前者还要高。所以当时感性、信息等词也成了热门词汇。

第三阶段:到20世纪90年代,这些词似乎不再是焦点,设计也在呈现多元化的趋势,简洁又重新回到人们的视野中,同时当许多纯粹以定性的研究人的感觉意向为基础的设计不再为人们所惊叹的时候,人们以为感性的时代已经过去了。事实上并非如此,第一是大批量生产、大量消费的行为方式已逐渐转为丰富的多样化生产和快乐感受消费的行为方式。产品的经济性、功能性、合理性和

---

①孟子·告子[M].

②荀子·性恶[M].

大众化原则被表现性、审美性、独特性和个人化所替代;其次,单向传达的产品信息扩展为双向或多向传达的信息交流,由于获取和发送信息的渠道增多,产品从满足所有消费者的普遍需要转向适应消费者的个性需求;第三,消费者方面,从希望有实用的、高品质的产品转而希望使用自己想要的、适用的产品,企业方面,则从制造实用的、高品质产品转向追求"个人化"的"感性产品"与之相适应,产品开发也随之以满足个性、快乐、多样的充分感性化的产品为中心。这就意味着人类社会进入了一个注重人的"感性的时代",感性是信息化时代的本质特征。随着功能的竞争可能的优势越来越小,在精神需要方面的竞争也越来越激烈,人的感性信息也逐渐成为了产品设计的最重要的依据之一。

在20世纪的最后30年,随着全球信息化时代的来临,技术创新日益受到社会各界的密切关注,越来越多的科学家、企业家和产品研究者认识到,需要在工程技术领域导入人类的感性分析,从而诞生出一门新的学科——感性工学。感性工学是感性与工学相结合的技术,主要通过分析人的感性来设计产品,依据人的喜好来制造产品,它属于工学的一个新分支。

历史上,将感性工学实用化,生产出第一批"感性商品"是从汽车产业开始的,当时日产、马自达、三菱等企业将感性工学引入汽车的开发研究中,一改过去"高级""豪华"的设计定位,转为"方便""简捷""快乐"使用的设计定位。其中,日产汽车分析消费者心理,把突破造型外部形式作为研发重心;三菱汽车特别重视感性化的驾驶台的设计;位于广岛的马自达汽车则开发出具有个性化的车内装饰,将过去狭窄的车内空间,在不改变物理性的前提下,设计出符合使用者心理的宽敞感和舒适感,从而获得了成功。在1988年第十届国际人机工学会议上,"感性工学"的名称被正式确立了。

准确掌握消费者的感性信息,使用定性和定量的方法,对这一系列感性信息进行处理,将人的感性信息与产品设计元素有效地结合、对应起来构成了感性工学研究的主要内容。

感性工学研究步骤主要分为三步:分析产品、感性信息搜集、对感性信息与设计元素间的关系的定性和定量分析。

(1)分析产品。通过征询产品制造技术人员以及设计人员,将产品分为若干个部分并进一步细分得到产品的项目,这些项目将作为后续研究的设计元素。

(2)感性信息搜集。首先从杂志、产品宣传单或者其他途径获取大量的产品图片,受试者描述出对这些图片的感觉和意象,再加上搜集大量的感性词汇,经过整理,去掉重复以及没有意义的词汇后,剩下的感性词汇将是研究的基础。

接着将获得的形容词分为五到七个等级,以便更准确的定位受试者对产品的感觉和意象。然后根据这些感性词汇设计一份调查问卷,选择具有针对性(使用者、制造商和设计师)的受试者,同时建立一个意象看板,使受试者参考已有产品或者搜集到的产品的图片,填写自己的感觉意象,完成调查问卷。

(3)对感性信息与设计元素间的关系的定性和定量分析。这一步是使用定性或者定量的方法寻求感性信息和设计元素间的关系,确定设计元素的变化对人的感觉变化的影响或者根据感性的变化确定产品的外型,从而指导产品设计。

随着人们的消费需求的提高以及市场竞争的日益激烈,人的感性心理需求得到了前所未有的关注,在产品设计中的所占比重将会越来越大,感性工学作为一种以消费者为导向的研究方法,用理性的思维研究感性信息,无论是在产品设计的概念阶段还是在实际操作阶段,都对其有着重要的指导作用。

四、直觉设计

"直觉设计"又称为"无意识设计"(Without Thought),是日本设计师深泽直人首次提出的一种设计理念,即"将无意识的行动转化为可见之物"。

在弗洛伊德的精神分析理论中将人的精神意识分为意识、潜意识、无意识三个层次。无意识成份是指那些在通常情况下根本不会进入意识层面的东西,比如,内心深处被压抑而无从意识到的欲望,秘密的想法和恐惧等。这些本能、欲望被压抑成无意识是因为社会标准不容许它得到满足。而艺术家,则是把这些欲望"转移到艺术或设计之中"。比如,大众有时对于喜欢的形式或者色彩无法明确地表达出来,当应用在产品的设计上时,用户会觉得似曾相识,倍感亲切,这就像用香蕉皮的包装带来的视觉和触觉与真实的香蕉很相似一样。当把产品放到用户面前时,用户会觉得这就是他们需要的,能联想起在大脑中对水果和自然根深蒂固的感知。

好的设计必须以人为本,注重人的生活细节,方便人的生活习惯,让生活更美好。特别是在工业设计高度发达的今天,很多设计师力图否定约定俗成的设计,用自己的思想创造一种新的生活方式,这样就无形中加重了人们的"适应负担","无意识设计"并不是一种全新的设计,而是关注一些别人没有意识到的细节,把这些细节放大,注入到原有的产品中,这种改变有时比创造一种新的产品

图5-7
首饰招贴广告设计

更有价值。深泽直人说："当我设计什么的时候,我往往会去抽取现存的人和物体之间的关系本质,我想在设计一个全新的东西的时候也是这样,有一种关于物体共享的记忆可以导入到新设计中。"这种在无意识中发觉灵感,让细节、环境、情感,三者层层递进,融入设计,使人、物、环境和谐地统一起来,使产品不再孤鹜,而成为生活中的一部分,让设计完全看不到"带着拷链跳舞"的痕迹,而是有着智慧的思考,清新的风格,让人明白设计中的聪明和操作时的惬意。让设计不止是设计,而是传递着一种思想、一种理念、一种哲学、一种态度。

深泽直人的理想是:"你不需要用一个说明书去告诉人们怎么使用,它必须很直觉的,让人们自然地去使用"。这种设计思路甚至让人无法用普通的语言去表达,首先需要自己意识到这些"无意识",有观察生活和人的习惯,而灵感源于设计师"支离破碎"的想法,也难以用既定的逻辑的方式去归纳和总结。

第三节　设计美学

以哲学思想为根基的美学观念与设计发展的关系之密切和直接是显而易见的。设计美学是从审美的角度认识设计、理解设计。其研究对象包括设计的所有领域,从产品到设计计划、构思过程、设计方法到设计的技术、制造;从物的实用功能到设计的文化品位、表现形式风格等;从造物的形态到造物的思想与理想;从审美时尚到市场消费等多种价值尤其是审美价值的研究。下面从功能美、材料美、技术美、科学美和装饰美五方面加以论述。

一、功能之美

产品的实用功能虽然与其自身的功能美的产生没有必然联系,但实用功能却直接影响着主体对它的审美评价,实用甚至可以转化为审美。这种美,我们姑且称之为效用的美或功能之美。

早在200年前,康德(I.Kant,1724—1804)就明确指出:美有两种,即自由美和依存美,后者含有对象的合乎目的性。合乎目的是一个更有优先权的美学原则,它与功能相近。在近代美学史上关于审美的功利性与超功利性之争由来已久,随着工业革命带来的功能美的发现,这个问题迎刃而解。因为它清楚地表明,美的现实存在不得不使人们考虑被哲学美学所忽视的功能与美的关系问题。"工业美""有用美"作为明晰的观念逐步建立起来,使"功能美"

成为现代设计美学的一个核心概念。

"功能美"最本质的内容是实用的功能美,即明确表现功能的东西就是美的。美国雕塑家霍拉修·格林诺斯(Horatio Greenough)于1837年第一次提出"形式追随功能"这句话,一百年之后,芝加哥建筑学派的大师路易斯·沙利文(Louis Sullivan)把这句话作为自己设计的标准,创立了自己的设计体系和风格。现代建筑的立场也被称为"功能主义"(functionalism)或者"理性主义"(rationalism)。功能主义设计思潮不仅使设计摆脱和纠正了十八十九世纪以来重外在形式不注重产品内在功能的偏向,同时也创立了一种简洁、明快具有现代审美感性和时代性的新风格,深刻发掘了来自功能结构的美。但现代主义把装饰美与功能美截然对立的美学思想,在对功能美的认识上是有局限的。德国工业设计师们曾提出TWM系统功能理论,他们认为产品的功能应包括技术功能(T)、经济功能(W)和与人相关的功能(M)三方面。技术功能主要是指产品物理化学方面的技术要求;经济功能涉及产品成本和效能;与人相关的功能涵盖面较大,包括产品使用的舒适性,视觉上的愉悦美观等。这样的功能美实际上包括了设计美的全部内容,与我国提出的实用、经济、美观的设计原则有一致性。把功能理解为一个从内到外、从功效价值到审美价值的整体,对设计功能美的解释应当说是比较全面而深刻的。因此,功能美的发现具有以下几方面的意义:

(1)产品的审美功能都是在实用功能和认知功能的基础上产生的。在一定形式的产品发展演变的历史进程中,存在着由实用向认知、审美功能转化的现象。

(2)认定形式美是功能美的抽象形态。与物质产品功能密切关联的各种形式因素,如一定的线条、色彩、形态等是表现功能美的高度抽象、概括和典型化的结果,具有相对独立的美。

(3)认定技术美是功能美在科学技术高度发展的时代的一种特殊形态。技术的进步是改善产品功能的决定因素。新材料、新工艺的涌现不断改变产品的结构和形式,也改变着产品的功能美。

(4)功能美的存在表明:美来自于人的社会历史实践,来自技术合规律性与功能合目的性的统一。在设计中重功能的思想并非现代人所独有,早在人类创物之初就已经成为设计的基本思想,这在中国先秦时期的诸子学说和古希腊罗马时期的哲学论辩中已作为一个哲学、经济学命题而深入研讨过。只不过现代功能主义思潮的涌现是现代主义设计发展的产物。功能美是人从产品内部结构与形式的关系中发现的一种更为普遍的美,对现代设计和现代美学的理论基础研究提供了新的方法论。

(5)功能美和一系列基本范畴、基本原理的提出,可以使产品造型设计与工程设计接轨,使技术美学成为一门可操作性的应用型学科。

二、材料之美

材料一词,出自于拉丁语"物质"的意思,是设计家在创造过程中用来体现设计作品的物质载体。日本著名的民艺学家柳宗悦在他的《工艺文化》一书中说:"材料是其天籁,其中凝缩了许多人工智慧难以预料的神秘。"因为不同的材料需要不同的工艺手段,即所谓"材美工巧",各种材料在表现上各有各的特点,它直接关系到器物的功能与审美。手工产品,人利用双手亲自去接触材料,用心去感悟,探究材料的性能、质感、特征,扬长避短地按照其性能显示其材质。中国古代家具的典范——明式家具的成就之一就是很好的体现了材质的质地美。不同的器物,其选材、表现手法、加工技术、制作工艺以及精神价值都各具特点。在因材施技中,最终达到传递视觉美的信息,形成物与人的亲密无间和物质生产与艺术生产的高度统一。

当今,材料对于人类的生存和发展是十分重要的,它作为现代文明的三大支柱之一,往往决定着社会发展的方向。一项新的科学技术要转化为生产力,关键也取决于材料。当然,现代工业设计更离不开新材料的支持。各种材料的物质性使其能适用于结构、器件、用具、机器等产品,材料的不同性质和特征,往往决定了不同的造物品类和与之相适应的技术属性。在与人的关系中,材料除了必须具有一定的强度、硬度、韧性等实用功能属性之外,还在视觉、听觉、触觉等感受层次上与人发生更深刻的联系,从而成为心理的和审美的一部分。因此,材料自身空间组合,材料质地的表现效果,不同物质材料与各种人文环境间的有机联系,是现代设计师最为关注的问题。作为设计产品载体的材料本身,它的美感和功能从多方面体现出来。如木材、石材、陶瓷、钢铁、金属合金材料、有机玻璃、塑料、纸、纺织品、复合材料等有不同的质地和美感,对于这些装饰材料的认识和应用,在于充分地使用材料,使每一种材料都能达到最恰当、最理想的表现,从而更彻底的了解各种材料以及各种材料性能及表现力。在现代设计中,特别强调产品结构和环境设计中的装饰构件在形态、质感、色彩、肌理甚至光影效果上的处理,充分显示出高科技材料的特性。日本建筑与产品设计大师黑川雅之认为："设计将强调重量和软硬程度,甚至形状也将为材料的纹理手感而决定,人们应该在设计形成之前首先认识到材料"。①质感是材料带给人的美的感觉和印象,是材质经过视觉处理后产生的一种心理现象。材质是光和色呈现的基体,它的某些表面特征,如光泽、肌理、硬度等,可以直接作用于人的感官,成为设计的形式因素。材料的肌理是天然材料自身组织结构或人工材料的人为组织设计而形成的一种表面材质效果。北欧家具设计的成功对我们不无启发,它一方面建立在其有机造型和简洁轻巧上,另一方面则植根于它的优美材质感和纯熟制作技艺之中,韵味含蓄,光洁柔润,给人以新颖雅致的情趣。设计师们认为:"将材料特性发挥到最大限度,是任何完美设计的第一原理。"只有运用适当的技巧去处理适当的材料,才能真正解决人类的需要,并获得纯真和美的效果。

三、技术之美

技术美与功能美是相伴而生的另一种审美形态。两者具有不同质的内涵和规定性。技术美是从其审美价值的本源和构成形态上作出的界定,而功能美则是从其审美价值的表现和效用形态上作出的界定。

技术美学作为美学的分支,较之于一般美的哲学的思辨,具有较强的操作性、应用性。它是研究物质生产和器物文化中有关美学问题的应用美学学科,是随着20世纪30年代现代科学技术进步而产生的新的美学分支学科。它与文艺美学和审美教育相并列,构成了美学的三大应用学科。

技术美学作为一门独立的现代美学应用学科,诞生于20世纪30年代。由于它主要运用于工业生产中,因而又称为工业美学、生产美学或劳动美学。后来,扩大运用于建筑、运输、商业、农业、外贸和服务等行业。20世纪50年代,捷克设计师佩特尔·图奇内建议用"技术美学"这一名称,从此,这一名称被广泛应用,并为国际组织所认可。1957年,在瑞士成立的国际组织,确定为国际技术美学协会。技术美学这一名称在中国也具有约定俗成的性质,其中包含了工业美学、劳动美学、商品美学、建筑美学、设计美学等内容。

技术美学是现代生产方式和商品经济高度发展的产物,是社会科学和技术科学相互渗透、相互融合的产物,是艺术与技术的结

①吴晨荣.思想的设计[M].上海:上海书画出版社,2005.

合。技术美学是美学原理在物质生产和生活领域的具体化,同时又是设计观念在美学上的哲学概括。技术美学表现出高度的综合性,它不仅涉及哲学、社会学、心理学、艺术学问题,而且涉及文化学、符号学以及各种技术科学知识。

概括地说,技术美学研究的对象,不外乎两个方面:第一是在现代工业设计中如何按照美的规律建造合乎人的生理和心理需求的优美的生产条件和环境;第二是在现代工业设计中如何按照美的规律塑造产品。具体地说,技术美学的研究对象,包括以下几方面的内容:

(1)人类物质生产的直接成果——产品,这是技术美学研究的逻辑起点;

(2)人体工程学,这是技术美学的自然基础;

(3)艺术设计,也称"迪扎因"(design),这是技术美学研究的核心内容;

(4)产品呈现出的技术美,这是技术美学的中心范畴;

(5)劳动条件和环境的美化和优化,这是技术美学研究的主要内容;

(6)标准化和多样化问题,这是艺术设计与人体工程学领域中贯彻统一原则的有效手段,确定对产品质量准确而严格的要求;

(7)鉴定问题,即对产品进行综合评价,包括技术指标、经济指标、审美指标等;

(8)装饰的原则和装饰材料的规范化问题等。

技术美学作为美学的分支,较之于一般的美的哲学的思辩,具有较强的操作性、应用性。可以说,技术美学就是美学参与社会历史实践活动的体现,它使技术活动艺术化、审美化,直接体现了美学的"效用"。人文性之于技术美学并非外在附属而是深蕴其中,故此技术美学才会在生产实践中具有人文导向,才能保障技术美学的人文学科属性。因此,技术美学并不仅仅表现在产品静观的功能美上,而是在产品的宜人性而非对抗性上观照人的本质力量。更表现为生产产品的技术操作过程中人的身心愉悦满足和带着极大的兴趣、热情投入机器操作,与外在环境处于平等友爱之中,而非掠夺式的开发。这主要体现在工业设计中根据宜人尺度对人—机界面关系的处理。所以技术美应成为人类整个技术活动过程中自觉追求的目标。尤其在文化整合的创造活动中,要把社会伦理的审美文化的和生态的因素纳入设计中,在对技术美的自觉追求中领悟到社会前进的目的性、人文性;通过物的组合秩序实现生活环境与人的和谐；通过提高生活趣味引导人的生活方式的变革；通过物与人关系的体验展现人性的提升历程。

技术美学是在现代人文基点上，研究人、技术和自然之间审美关系即追求技术美本体的一门学科，它关注人类在实践活动中对技术非人性的遏制，并非美学简单地应用于技术，而是着重于更为根本的人类技术活动的审美化即人类生存状态的审美化。具体阐释了技术美学的形上一维（技术美本体）与形下一维（设计及其技术性操作）的互动关系。从技术与劳动（工具）、技术与艺术、技术与语言三个维度多层面理解技术美本体的内涵。

由此设计所带来的生活观念的转变，正如未来学家托夫勒所言："今天世界上正飞快地发展着另外一种看法：进步再不能以技术和生活的物质标准来衡量了。如果在道德、美学、政治、环境等方面日趋堕落的社会，则不能认为是一个进步的社会，不论它多么富有和具有高超的技术。一句话，我们正在走向更加全面理解进步的时代"。

尽管技术美不像艺术美的体验那样仅与审美心境紧密相关，其审美体验中充满着智力结构中多种知识的综合作用，尤其那些技术性知识如发明、程序、模式、结果等，同样能使人从中感受到人类自身的创造之美，体悟到它给人类诗意生存和整个自然生态系统的和谐之美带来的博大精深的含义，感受到人通过技术美展现而达到的人与自然相互支持和协同进化的"亲和性"关系。因此技术美学所体验到的内容就是内在于人的生存状况，使人在参与建构世界的过程中体悟到审美的提升。

四、科学之美

科学美作为相对独立的审美形态，本质上是一种理性的美。如果从形态学角度作静态考察，可分为科学理论美（包括科学公式美）和科学产品美。如果从创造学角度作动态考察，又可分为科学理论创造之美和科学实验之美。科学美不仅体现于科学研究成果，而且显现在科学创造过程之中。

科学的对象首先是自然世界。科学的目的在于揭示自然的奥秘，发现自然的真貌，反映自然的规律。自然界在外观上纷繁复杂，似乎杂乱无章，但在实质上和谐统一，具有规律可循。形式的多样性与本质的统一性，外在的复杂性和内在的单纯性，构成了自然界的基本特点。换言之，自然是统一的、单纯的，即和谐的，宏观世界如此，微观世界亦然。科学研究就是要力图把握自然的统一与和谐。一种科学理论成果，如果揭示了自然界的规律，反映了自然界的和谐,它就不仅是"真"的,而且是"美"的。科学的最高境界便是这种真与美的统一。因此,在设计中,科学美的形式多表现为由大量数学比例、等式构成的符号系统和形式设计。发现量子力学的科学家海森堡在他写的一篇动人的文章《精确科学中美的意义》中,给美下了一个定义,他说:"美是各部分之间以及各部分与整体之间固有的和谐。"这个定义揭示了我们通常所说的"美"的本质。毕达哥拉斯(Pythagoras)发现,在相同张力作用下振动的弦,当它们的长度成简单的整数比例时,击弦发出的声音听起来是和谐的。这是人们第一次确立了可理解的东西与美之间的内在联系。

毕达哥拉斯学派认为美的概念来自作为宇宙结构基础的形式和数理。西方传统造物形式就是秉承了希腊古典时期的规范,并在此基础上总结出了比例、对称、和谐、多样统一、黄金分割律等作为美的形式概念,这是前人对理想物化形式规律的总结。海森堡认为:毕达哥拉斯的发现是"人类历史上一个真正重大的发现"。为此,科学家开普勒认为:数学是美的原型。

科学美是理智所领会的一种和谐。这一点很重要,它揭示了科学美的独特性。科学美决不是"自在之物",它是科学家的理智对大自然的感知、领悟和发现。科学美所显现的固然是大自然的和谐之美,但它不是外在的、表层的、纯感官即可享有的美,而是内在的、深奥的、凭理智方可领会的美。对这一问题,当代著名科学家彭家勒作过精辟而深刻的论述。在彭家勒看来,科学家并非因为自然界有用才进行研究,而是因为自然界美才进行研究。他说:"如果自然美没有了解的价值,人生也就失去了存在的价值。当然,我这里并不是说那种触动感官的美,那种属性美与外表美。虽然,我决非轻视这种美,但这种美和科学毫无联系。我所指的是一种内在(深奥的)的美,它来自各部分的和谐秩序,并能为纯粹的理智所领会。可以说,正是这种内在美给了满足我们感官的五彩缤纷美景的躯体、骨架,没有这一支持,这种易逝如梦的美景是不完善的,因为它们是动摇不定的,甚至是难以捉摸的。相反,理智美是自我完善的。"① 彭家勒认为科学美源于自然美,美的科学大厦建筑于美的自然界基础上,但这种美不是直接打动感官的自然景色(外在之美),而是打动理智的自然和谐(内在之美)。

科学美与艺术美一样建筑于自然美的基础之上,是美的一种高级形式,是人类按照美的规律创造的成果。承认自然对科学的

---

① 彭家勒.科学与方法:第1卷[M].北京:商务印书馆,2006:22.

客观优先地位,并把科学美理解为对自然和谐的一种反映,这并非意味着否认科学美的审美本性。匈牙利著名哲学家和美学家卢卡奇,把人对客观实在的反映形式划分为三种:日常反映、艺术反映和科学反映。他认为日常反映是一种较低级的,被动型的反映,而艺术反映和科学反映则是高级的、创造性的反映。这说明科学与艺术在创造性方面是和谐统一的。马克思说"人也是按照美的规律来塑造物体"。科学活动是一种精神性的创造活动,科学创造和艺术创造一样,都要遵循和服从美的规律。数千年来,人类创造性的科学活动不断地揭示出物质世界内在奥秘及其发展规律,为人类从必然王国走向自由王国开辟了愈来愈广阔的前景。因此科学创造本身就是一种美的创造。

科学美是美的一种高级形式,是人按照美的规律创造的结晶。它是在人类审美心理、审美意识达到较高的发展阶段,理论思维与审美意识交融、渗透的情况下产生的。科学美客观地存在于人类创造的科学发现和发明之中,它是人类在探索、发现自然规律的过程中所创造的成果或形式。

科学是发现,但又不仅仅是发现,它还是创造,是重构。科学要求真,但又不只求真,它还求美,求艺术性。仅就揭示自然奥秘、发现自然规律而言,它无疑是真的,而就其理论创造、思维方式而言,它无疑又是美的。一切伟大的科学杰作,不仅让人见出自然之真,而且使人觉出自然之美。科学的最高境界是真与美的统一。在科学史上,相当一部分科学家同时求真求美,甚至由美求真。物理学家韦尔曾经对人说:"我的工作总是力图把真和美统一起来,但当我必须在两者中挑选一个时,我总是选择美。"数学家霍姆斯直接把数学比作艺术:"数学是创造性的艺术,因为数学家创造了新概念,数学是创造性的艺术,因为数学家像艺术家一样地生活,一样地工作,一样地思索,数学是创造性的艺术,因为数学家这样对待它。"前苏联哲学家柯普宁这样评价数学家们的工作:"数学家导出方程式或公式,就如同看到雕塑、美丽的风景、听到优美的曲调一样而感到充分的快乐。"可见,很多科学家是自觉依据审美价值尺度,按照美的规律从事科学研究和科学创造的。

科学是人的自由的体现,是人的本质的确证。马克思曾指出,自由自觉的创造性劳动体现了人类的本质。科学活动是人类实践活动的一种高级形式,人类的理性与智慧、直觉与想象,逻辑思维能力与审美意识水平都在科学活动中得到充分表现。

美感是人对美的一种主观经验。美感过程是人对美的事物的一种感受、体悟、认识过程。无论艺术美感,还是科学美感,都是审美主体与审美对象相互作用而产生的主观感受。不过,科学美感有着不同于艺术美感的鲜明特点。这种特点主要有三:其一,在科学美感过程中,抽象思维处优势地位。而在艺术美感过程中,则是形象思维占主导地位。抽象思维和形象思维并不截然分开,往往彼此渗透,相互补充。只不过,在科学观照中抽象思维处于优势,而在艺术观照中形象思维占主导;其二,科学与艺术都需要灵感,前者的灵感是科学直觉,而后者的灵感是艺术直觉。科学直觉与艺术直觉有联系也有区别。二者都根源于人的天性,但科学直觉更多地受到理智的浸染,而艺术直觉更多地受到情感的陶冶;其三,更强烈的美感体验,是因为他们比平常人具有更高的科学鉴赏力和审美力。

在这点上,科学家和艺术家一样,都以自己敏锐的直觉和智慧去探求大自然和人生命历程的美。著名物理学家李政道认为:"它们的关系是智慧与情感的二元性密切关联的。伟大艺术的美学鉴赏和伟大科学观念的理解都需要智慧。但是随后感受升华和情感又是分不开的。没有情感的因素,我们的智慧能够开创新的道路吗?没有智慧,情感能够达到完美的成果吗?它们很可能是确实分不开的。如果是这样,艺术和科学事实上是一个硬币的两面,它们源于人类活动的最高尚部分,都追求深刻性、普遍性、永恒和富有意义。"设计最本质的特征就是科学与艺术的统一。它们共同追求的是物质与精神、真理与情感的积极探索和创造。正如法国作家弗伦贝尔所指出的:艺术越是发展就越是科学,而科学越是发展就更加艺术化,两者在根基上是分不开的,而某一天会在顶上汇合在一起。

五、装饰之美

装饰艺术是人类历史上最早的艺术形态,也是人类社会最普遍的艺术形式,因此,装饰艺术对于造型设计具有重要的价值和意义。

作用于视觉美感方面的装饰特征表现在以下诸方面:

(一)秩序性

装饰艺术是秩序的艺术。秩序本质上说是一种规律性,是事物存在、运动、发展、变化的有序性。而装饰表现的则是这种易为人的视觉所感受的形态上的秩序形式。无论是变化与统一、对比与调和、节奏与韵律、发射与回旋,都表现了一种秩序性,秩序是装饰之美的尺度。

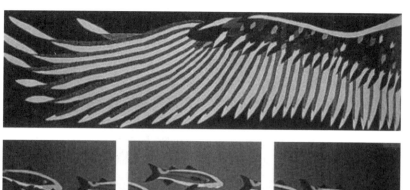

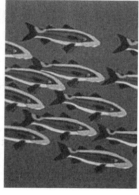

图5-8
纺织品上的装饰图形设计

（二）程式化

程式化亦即根据固有的或约定俗成的模式来进行的装饰造型，如埃及古代壁画中的人物造型，一律是侧面脸、正面眼、正面胸、侧面臀与腿等都有一定的限制与规范，以便鲜明地表现人物的美好姿态与特征。

（三）单纯化

被称为现代艺术之父的法国画家保罗·塞尚有句名言："要用圆球体、圆柱体与圆锥体的眼光来观察与表现客观物象。"这一观点之所以影响至立体派等一系列现代艺术的产生，究其原因，正是将纷繁复杂的世界万物归纳整合、提炼概括为简明单纯的几何形体。"简洁就是美"，使单纯化成为产生现代设计美的重要因素。

（四）夸张化

夸张主要表现在对象的形体、比例、结构、色调、肌理、图案等特征方面，将新颖、奇特的细节特点加以夸张，以加大艺术表现的力度，增强视觉冲击力和张力。

（五）平面化

平面化是装饰表现的一个较显著的特征。所谓平面化，是将所要表现的物象形体展开，以突出其影像特征与造型简洁的流畅效果，中国的剪纸、皮影等就极富装饰感。

（六）符号化

要把握"装饰"，必须明确其深层的涵义和构造。必须考察装饰与记号、象征、语言之间的关系。正如人类早期发明的象形文字一样，造型简洁易记、便于书写、语义形象易识、便于识别。符号化正是人们将世界物象升华归纳为最简易的抽象符号元素的过程，从而唤起人类丰富具体的联想和美好感情。

艺术的起源应当说是以装饰的出现为标志的。在艺术史上，装饰艺术这条线一直没有中断过。手工业时代的造物设计，主要通过描摹自然形态的纹样来对物品的外形作装饰性处理，如彩陶、青铜器、玉器、纺织品、家具、服饰等都有留下了各自装饰风格的印记，中国的明清和西方的巴洛克、洛可可时期都是装饰艺术的鼎盛时期，这些时期的建筑、雕塑、工艺、绘画往往集于一体，代表着时代的文化和艺术水平。工业革命的时期，如工艺美术运动、新艺术运动、装饰艺术运动、现代主义运动、后现代主义运动等，则主要围绕装饰与被装饰物之间的关系，从视觉美学到功能美学的观念更新，表现为实用与审美、技术与艺术、功能与形式、功能与价值之间的关系在进行。

装饰之美是表现性的，形式化的，它诉诸视觉，以美的形式符号刺激感觉，满足感觉，陶冶和发展人的造型想象。手工艺时期的装饰与工艺的关系是一种互为的关系，装饰一方面是工业技术的适应方式和形式；另一方面装饰本身又是一种工艺方式，具有技术特征，表现为一种装饰性技术的存在。因此，一定的装饰品格、形式、风格的形成，直接与材料、技术条件、技术水平、社会生活方式和社会伦理的制约与规范相联系。

在当代设计学、现代美学以及艺术学中，设计被赋予了越来越宽泛的涵义。作为一种创造性活动，设计是科学艺术化、生活化的存在方式，也可说是艺术的一种生活的方式或形式。人对物的选择，实际上就是对使用方式乃至生活方式的选择。因此，所谓设计，就是合理的生活方式的设计，它具有根本的审美向度，是创造物、美化物的手段和过程。设计在一定意义上是作为艺术的造型设计而存在和被感知的。可以说，造型设计是现代设计的主要任务，造型的要素是形态，而形是设计的基本语言，它包括了色彩与质量的概念。在专业研究中，已有"造型艺术学""设计形态学"这样的学科，旨在研究在人与物的基点上用与美的关系中产生的造型。这种造型既包括了对产品存在方式和流通方式的设计与研究，如广告、包装、展示、陈列等信息传达内容成为设计不可分割一

图5-9
第三届亚洲艺术节海报 靳埭强设计 1978年

图5-10
Canon T90 相机设计草图
[法]克拉尼　1983年

个重要方面,如装饰性的图形、文字、符号、色彩等,也包括工业设计依据合理的功能结构而设计的造型研究。

　　在设计中,形式美学的法则如对比、对称、比例、重心是数的几何概念,而节奏和韵律则带有浓郁的感性色彩。以比例为例:比例是一个量化的关系,在工业设计中既属于视觉美学范畴,又属于功能因素的范畴。许多成功产品的尺度中都隐含着黄金分割的规律。如米斯·凡·德罗的巴塞罗那椅和布尔诺椅,在侧面都蕴涵了黄金分割的尺度关系,产生了理想的视觉效果。从椅子尺度的根源上看,则是由人的尺度决定的,可见大量产品的形态与人有关。

　　现代主义设计以功能主义为主导思想,设计的日用品基本都是很理性的几何形式,表现为直线和矩形,建筑也一样,拒绝装饰,造型单调,形成所谓国际主义风格。而现代主义之后,则一反这千篇一律的形式风格,对装饰又有了重新认识。瑞达斯在《孟菲斯》一书中认为:"孟菲斯非常重视装饰及其在设计中的作用"。而埃文斯断言"装饰是人类生活的反射镜,折射出人类思想和情感的网络"。装饰是今天设计这一人类重要的文化领域对自然、历史、人情的一种回归,表现了现代工业和人类、自然重新统一的一种尝试,是设计制造史发展新阶段的标志。

　　20世纪80年代,德国著名设计师路易·科拉尼在设计中强调生物形态学、空气动力学的原理时,大量采用曲线、曲面的设计,这一设计潮流直接影响到日本,不仅涉及家电产品,而且还影响到小轿车、摩托车、照相机、厨房用具、家具等的设计。最有代表性的可以说是德国大众生产的"帕萨特"和日产汽车公司生产的新型"SIL-

VIA"轿车。其外形和车内的方向盘、仪表盘、坐席等都处理成流利的曲线、柔滑的曲面,集优雅感和温和感与空气动力学的速度感、运动感于一体,极富感情色彩。可以说,产品的形态构造变化本身就是一种装饰,其外形结构上的统一变化也能体现某种简洁大方的装饰性,这种强调产品结构美和功能美的观念对现代设计产生了极大的影响。

　　总之,现代设计摒弃了表面的装饰和外部纹样,开始重视物质材料本身所固有的质地感和色彩感,综合考虑形态、材料、构造之间的合理关系,追求一种单纯简洁的秩序——整体的、理性的、富有时代气息的美感。也就是说,提倡一种以功能为主导的全新的装饰意识。只有将装饰以及视觉形式上的美与产品形态结构的功能在生理上和心理上联系在一起,才能创造出具有现代美感的产品来。

图5-11
永井一正设计的日本番茄银行海报　1989年

第六章　现代设计教育与设计师

第一节　现代设计教育的产生和发展

一、"学院"与"学院派"的设计教育

所谓"学院（academy）"，在西方的定义中"是献身于学问与技艺（learning and art）的联盟。它也是一个学术的群集（learned society），一个职业上的社团（professional body），一个特定学科的专门化教育机构（an institution for specialized instruction in a particular subject），或者就是个高等学校（high school）。也就是说，"学院"是个有着"研究"和"教学"双重可能性职能的团体或机构。

无论从英语的"Academy"、法语的"Acadmie"还是意大利语的"Accademia"等，其解释都有两层含义：即"研究院（所、会）"和"（专科）院校"。在西方早期，这一机构的功能首先都是"研讨（研习）"，而"教学"是作为附带功能相随而至的。在公认的"学院（College）"和"大学（University）"之原型——公元前4世纪的柏拉图的"学园（Akademiea）"里，正因为有了学者间对话方式的学问研讨，知识的传授才得以形成。在15世纪以后，自由交流、辩论式的"研讨"才逐渐成为有一定规模和规则的"教学"。

关于"学院派"，我们首先从词面及辞书中相关词条的狭义解释，获得如下一般性概念：

（1）"学院派"的词根是"学院"；汉语中"学院派"及其近义词是"学院式""学院主义"和"学院风气"等均由"学院"而生；英语的"academicism或academism（学院式、学院主义）"也由"academy"派生。

（2）"学院派"形成于18世纪欧洲官办美术学院的流派。

（3）"学院派"有"保守""墨守成规或传统""形式主义"等含义。

由于"学院派"最早出现是在欧洲文艺复兴后期，其学术成果一定程度上可以说是古典文化遗产的结晶，并与当时整个社会倡导人文主义精神与古典美德的潮流相融合。因此"学院派"对世界文明进程产生了不容忽视的积极意义。从20世纪初起，"学院派"对整个设计学说及其教育发展的贡献是前所未有的，其影响十分

深远。尽管"学院派"自17世纪中叶形成于法国，发展远传欧美再转至亚洲等地的3个多世纪的历程里，其运作机制、学术理念都发生了不可逆转的变化，但其本质上的一致性与连续性是有目共睹的。"学院派"设计教育体系是西方现代意义上的设计教育之基点，也可以说是中国设计教育的主要源泉。

中国现代意义的学院教育是由西方引进的。20世纪初，在社会变革大潮冲击下，旧教育制度迅速瓦解，接受西方影响的新式教育体制逐渐确立。随着第一所高等学堂的建立，图案及手工艺课也随之开设，从新式学堂和实业教育当中萌发了新式美术教育和工艺美术教育的胚芽，可谓中国现代意义的设计教育的雏形。中国的工艺美术的设计教育可以分为几个阶段。最初阶段为20世纪前期，尤其是最初10年到30年代后期这30多年的时间，是中国新式美术教育（包括工艺美术教育）迅速发展的时期。在此期间各地纷纷开设美术学校和系科。如1918年中国近现代第一所国立美术院校——北平美术专科学校、国立中央大学艺术系、国立杭州艺术专科学校等都在这一时期开设。一批有识之士赴西方、日本留学，学习包括染织、陶瓷、漆艺、图案等专业课程，学成回国后在高等美术院校开设了工艺科或图案科，从事工艺设计教育。如庞薰琹、雷圭元、郑可、李有行、陈之佛、祝大年和沈福文等，他们将西方的设计思想和法国、日本的工艺设计教育体系带回中国，成为以后中国现代设计教育发展的基础。

第二阶段是从20世纪50年代中期到70年代末。这个阶段是由工艺美术教育为主体同全盘"苏化"的教育模式以及动荡、混乱的"文革"时期所构成的特殊历史阶段。1956年成立的中央工艺美术学院是新中国成立后第一所以工艺美术和设计为主的学院，所设立的专业主要包括染织艺术、陶瓷艺术和建筑装饰等几个方面。在浙江美术学院、四川美术学院、广州美术学院、南京艺术学院等高等艺术院校内也开设了工艺美术系，为中国体系性的高等专业设计教育翻开了首页。随后，在中国其他地区也相继成立了一些综合性的美术和艺术院校、专科学校，形成了包括高等美术（含括工艺美术）教育和职业中专在内的美术教育体系。

真正的中国现代设计教育兴起于20世纪80年代的改革开放以后，文化思想的解禁和活跃，西方的现代艺术思潮、设计教育理念及方法被迅速地介绍和传播到中国，包括设计教学课程的引进与借鉴，这是我国真正意义上的现代设计教育从启蒙到全面发展并开始走向成熟的重要历史阶段。

从中国设计教育的历史看,西方现代设计教育对中国早期设计教育体系的建立与成形起到过极为重要的作用,并对当今中国学院式设计教育的发展仍有不可忽视的积极影响。因此,对西方现代设计教育的历史作较为全面和客观的研究,是一项非常必要和有益的基础性工作。

二、西方现代设计教育的产生和发展

所谓现代设计教育,在很大程度上可以说是工业革命的产物。一方面,随着机械化大生产取代传统手工业,设计与制造的分工日渐鲜明,设计作为一种独立的职业,在整个生产过程中的重要性越来越突出,培养新型设计师已成当务之急;另一方面,随着行会制度的消亡以及手工作坊向现代工厂的演进,旧式的师徒制已难以适应新的形势,创建新的设计教育体系,已是迫在眉睫。作为工业革命的故乡,英国堪称西方现代设计教育的策源地。1837年成立的政府设计学校(Government School of Design)便被公认为是开世界近现代设计教育之先河的一大创举。

1860年前后,英国建立工艺学校,并逐步发展为伦敦的皇家学院。这是英国最重要的设计学院之一。

1873年,在美国的普罗维登斯市也成立了早期的设计教育学院——罗德岛设计学院,后来它发展成为美国艺术学院中位居第二位的优秀院校。1902年,德国的魏玛工艺与实用美术学校成立。到1914年,该学院成为包豪斯诞生前传播新的设计思想的基地。从这几家早期设计学院的表面来看,它们拥有着共同的特点,那就是隶属于美术学院或建立于美术教育基础之上的设计教育类型。因此,在现代设计教育体系完善之前,设计与艺术的关系始终是难解难分,甚至于纠缠不清的,在主观和客观的双重层面造就了早期设计教育的先天不足。

18世纪60年代至20世纪30年代的欧洲,经历了从传统手工艺教育向现代设计教育的历史性转变。作为这一转型重要标志的包豪斯,是世界上第一所真正为发展艺术教育而建立的学院。它以其一系列创造性的理论与实践,奠定了艺术教育加技术教育模式的现代设计教育基础。

包豪斯的贡献在于,它创建了现代设计教育理念,取得了在艺术教育理论和实践中无可辩驳的成就。包豪斯的历程就是现代设计诞生的历程,也是艺术和机械技术这两个相去甚远的门类间搭起桥梁的历程,同时也展示了20世纪特有的设计美学漫长而艰难的诞生过程。

弗兰克·惠特福德(Frank Whitford)在《包豪斯》一书前言中写道:"在眼下的这个时代里,还是会有人不断地问起那些包豪斯当年曾经提出过的问题——进行艺术与工艺的教育时,应该采取什么样的方式? 优秀设计的本质是什么? 建筑对于生活在里面的人们会造成一些什么样的影响? 同时,这些问题像以往一样,迫切地需要得到解答。设计我们的生活的那些人,还是继续从包豪斯的作品当中汲取着灵感。而遍布世界各地的许多艺术院校里,包豪斯的艺术教育方法依然普遍地影响着它们现在的教学。"

包豪斯的创始人沃特·格罗佩斯针对工业革命以来所出现的大工业生产中"技术与艺术相对立"的状况,提出了"艺术与技术新统一"的口号,这一理论逐渐成为包豪斯教育思想的核心。

图6-1
包豪斯第一任校长沃特·格罗佩斯,20世纪最重要的现代设计家和设计教育家

按照《宣言》和《大纲》,包豪斯建立了自己的设计教育体系——包豪斯体系。这个体系的主要特征是:

①在教学中提倡自由创造,反对模仿因袭,墨守成规;

②将手工艺同机器生产结合起来,提倡在掌握手工艺的同时,了解现代工业的特点;

③强调基础训练与各类艺术之间的交流融合;

④实际动手能力与理论素养并重,培养素质全面的设计人才;

⑤将学校教育同社会生产挂钩,拓展教学的途径。

包豪斯以前的设计学校,偏重于艺术技能的传授,如英国皇家艺术学院前身——设计学校,设有形态、色彩和装饰三类课程,培养出的大多数是艺术家而极少数是艺术型的设计师。包豪斯则十分注重对学生综合能力与设计素质的培育,为了适应现代社会对设计师的要求,他们建立了"艺术与技术新统一"的现代设计教育体系,开创类似三大构成的基础课、工艺技术课、专业设计课、理论课及与建筑相关的工程课等现代设计教育课程,对平面和立体的结构的研究、材料的研究(伊顿)、色彩的研究三方面独立起来,使视觉教育第一次比较牢固的建立在科学的基础之上,而不仅仅依靠艺术家个人感性的基础上,从而培养出大批既有艺术修养、又有应用技术知识的现代设计师。实用的技艺训练、灵活的构图能力、与工业生产的联系,三者的紧密结合,使包豪斯产生了一种新的工艺美术风格和建筑设计风格,其主要特点是:注重满足实用要求;发挥新材料、新技术、新工艺和美学性能;尊重结构本身的逻辑,造型整齐、简洁,构图灵活多样。

格罗佩斯有一个很重要的思维方式:从本质上讲,美术与工艺并不是两种截然不同的活动,而是同一个对象的两种不同分类。

图6-2
包豪斯早期成员

艺术家比较注重艺术理论,容易接受新思维,他们教育学生,一定能胜过旧式工匠。这类艺术家可以向学生强调并解释一切艺术活动的共通要素,让学生了解到美学的基础。他们可以利用自身的经验,帮助学生创造出新的设计语言。基于这一点,格罗佩斯聘任了画家约翰尼·伊顿(J·Itten)、里昂耐尔·费宁格(Lyonel Feininger)、雕塑家格哈特·马克斯(Grehard Marcks)、穆希(Muche)、施莱默(SchleMmer)、克利(Klee)、施赖尔(Schreyer)、康定斯基(Kandinsky)和莫霍利·纳吉(Moholy Nagy),他们在1919年到1924年之间,陆续来到了魏玛。这些人极富创造力,同时也极擅长自我表达。他们全都有兴趣研究基本问题的理论。除开这些艺术家,格罗佩斯还聘请了许多手工艺师,他们在各自的工艺类别上,都是技艺精湛的人。艺术家激励学生开动思想,开发创造力,手工艺师教会学生手工技巧和技术知识。

包豪斯的办学宗旨是培养未来社会的建设者。他们既能认清20世纪工业时代的潮流和需要,又能充分运用他们的科学技术知识,创造一个具有高度精神文明与物质文明的新环境。正如格罗佩斯所说:"设计师的第一责任是他的业主。"又如莫霍利·纳吉所说:"设计的目的是人,而不是产品。"所以,包豪斯在设计教育的诸多方面做出了难以磨灭的贡献:①打破了将"纯粹艺术"与"实用艺术"截然分割的陈腐落后的教育观念,进而提出"集体创作"的新教育理想;②完成了在"艺术"与"工业"的鸿沟之间的架桥工作,使艺术与技术获得新的统一;③接受了机械作为艺术家和设计师的创造工具,并研究出大量生产的方法;④认清了"技术知识"可以传授,而"创作能力"只能启发的事实,为现代设计教育建立了良好的规范;⑤发展了现代设计风格,为现代设计指示出正确方向;⑥包豪斯坚决反对把风格变成僵死的教条,只承认设计必须跟上时代变化的步伐。

包豪斯的出现,是现代工业与艺术走向结合的必然结果,它是现代建筑史、工业设计史和艺术史、设计教育史上最重要的里程碑。包豪斯的成功为我们提供了许多值得学习和借鉴的经验,其中最重要的一条就是:紧随社会进步,不断更新观念,积极创立新思维。

继包豪斯之后的乌尔姆设计学院(Uim Hochschule fur Gestaltung)是战后欧洲最重要的设计学院,被设计史学家称作是设计发展史上的又一座里程碑。这所学院始建于20世纪50年代初期,地点就在物理学家爱因斯坦诞生的小城市乌尔姆,平面设计的重要人物马克斯·比尔(Max Bill)担任第一任校长。在他和教员的努力下,这个学院逐步成为德国功能主义、新理性主义和构成主义设计哲学的中心。它所形成的教育体系、教育思想、设计观念直到现在,依然是德国设计理论、教学和设计哲学的核心组成部分。乌尔姆致力于设计理性主义研究,几乎全盘采用包豪斯的办学模式,它的最大贡献在于:

(1)开创了人文社会学的研究方向。在课程设置上,将人文科学、人机工程学、技术科学、方法论以及工业技术引入到教学中来,新设计方法论、规划方法学、习作与设计案例分析等课程。

(2)完全把现代设计——包括工业产品设计、建筑设计、室内设计、平面设计等,从以前似是而非的艺术、技术之间的摆动立场坚决地、完全地移到科学技术的基础上来,坚定地从科学技术方向来培养设计人员,设计在这个学院内成为单纯的理工学科。因而,导致了设计的系统化、模数化、多学科交叉化的发展。

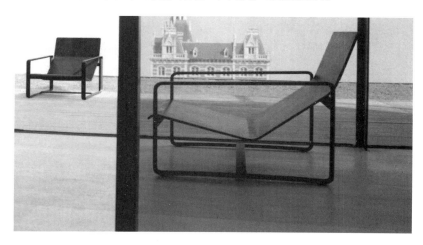

图6-3
家具设计

（3）在趋于设计理性的思想指引下，开始尝试在理论与实践之间，在科学研究与造型行为之间寻求新的平衡；在教学上理论课程的比例大大增加，设计生态学的课题也被关注，通过相关课程的设立，从而确立了理性与社会化优先的原则。如产品造型设计专业，其教育的目标便设定在为日常工作、生活乃至生产的物品进行造型工作。而视觉传达设计专业，教育的目的是为了解决大众传播领域中视觉方面的造型问题服务的，其基础课程拓展至视觉方法论、符号理论、传达技法与传媒技术等偏向理性思维的教学。

乌尔姆设计学院的建立与发展，是设计教育理工化的一个重要开端。从此，世界设计教育就形成了以艺术为依托和与理工为依托的两大体系。区别在于设计教育的内容上，理工为依托的主要是工业设计和建筑设计，而艺术为依托的主要是平面设计、广告设计、包装设计、媒体设计等。

在德国早期设计教育的发展过程中，乌尔姆设计学院存在的13年历史，几乎和包豪斯一样短暂。然而，它也像包豪斯一样对现代设计产生了不可磨灭的影响，并奠定了20世纪设计教育的发展方向。

三、中西方设计教育发展历史比较

中国的现代设计虽然起步很晚，但是也曾经受到包豪斯的影响。不过，中国在接受包豪斯的设计与教育理论的时候，比较注意

图6-4
利用环保材料设计的家具

与中国传统文化与艺术的结合,并没有完全照抄照搬。事实上,中国设计很容易接受包豪斯的思想,其中有一个很重要的文化背景原因。我们在前面已经提到,包豪斯的教育思想,在很大程度上,受到中国传统文化,即易学文化、老庄道家哲学思想和孔孟儒家哲学思想的深刻影响。譬如,格罗佩斯"把人作为尺度","平衡的全面发展"的观点;约翰·伊顿把老庄的道家哲学思想与西方的科学技术相结合,直接用于教学实践当中等,就是中国传统文化中,"天地人为贵""有之以为利,无之以为用"和"因材施教"等哲学思想的具体体现。

东西方设计教育的发展历史基本相似。如果理解当代设计教育后续的发展,我们会更加强烈地意识到这一点。虽然东西方存在很大的差异,但两种文化的设计教育都是以"师徒制"开始的。作坊与作坊大师是包豪斯时代教育的特色,这种设计教育模式,几乎无一例外地被西方现代设计教育所采纳,成为后来工作室制的雏形。可以说,作为一种培养"学徒"设计思维和设计创作能力的有效方法,一直延续到今天。

东西方设计教育另一个非常相似之处在于设计与美术的密切关系。这是因为设计最初是伴随着诸如哲学、艺术、宗教、政治以及科学等相关知识领域而发生和发展的。事实上,这反映了未来设计的发展趋势。从而使我们意识到其他领域的理论与实践会促进设计的发展,也有利于我们从中西方跨越文化的界限来理解设计。现在,我们通过美术更容易意识到设计的发展和综合,正是由于这种综合,有人提出了"大美术"的概念。我们有充分的理由相信这一点,即设计与美术活动是通过"创作"联系在一起的。设计师和艺术家则通过"创作"新作品联系在一起。在西方,这被称为"poeisis"(希腊语),意思是:"去创作"。而西方词汇中的"诗歌"正是起源于"Poeisis"。尽管在古代早期,"poeisis"指所有的创作艺术。对比东西两种文化发现:在西方各种创作艺术的划分是很严密的,而在东方仍然是紧密地连接在一起。

设计与美术的联系自然导致了设计教育走了一条工艺美术与设计的道路,这也是东西方类似的地方。简言之,就是设计教育成了艺术教育的一部分。在西方,艺术学校和艺术学院的出现是16世纪开始的。这些学校独立于大学,因为当时学院式教育还没有意识到设计的学科价值,或者说文化价值。设计被认为是一个没有太大学问的领域。在中国同样如此,设计教育设立在艺术学校和美术学院里,早期隶属于美术学下的工艺美术专业。因此,20世纪中国兴起的设计教育在很大程度上具有艺术教育的特征,而这个时期西方设计教育已经具备了像乌尔姆设计学院这样区别于艺术教育的特征,沉迷于风格与自我表现的设计教育成为了历史。

这就是中国设计教育与西方脱节的地方。直到现在,中国的设计教育仍然多数保留在艺术学校内。虽然其最终目的在于培养创造能力,但强调的还是技能的训练、风格的培养以及学术传统的继承。相比之下,西方的设计教育得到了很大的拓展:虽然艺术学院仍然是设计专业发展的主体,但设计课程的设置则要参考其他学院的课程设置。如:参考机械工程学院、科学技术学院,有的还参考人文学院。其实,最重要的变化在于:西方愈来愈多的设计课程被理解为"大学"的设计课程,强调设计的对象是大众,要为大众服务,要切合大众的生活方式,尊重大众的人文传统、思想情感和审美趣味,要将"人本主义"引入到设计中。

从现代设计的历史看,以人为本的思想,其实也就是为社会大众服务的大机器批量产品的设计思想和设计文化确立、成熟的过程。但如何在具体操作上把它融入生产、推向市场,必须依靠一套严谨的、完善的、系统的技术理论和实践经验。而这一体系来自于

图6-5
太阳能电池板 免费 Wi-Fi 接入,座位和电源插座的花朵雕塑安放在城市公共环境中,是一则很有创意的广告

设计教育,设计教育的广度和深度决定着商品的市场竞争力。设计是为人类创造产品的一门艺术。不管设计师是站在艺术还是其他学科的角度,人永远都是中心。但是,正如西方大学设计课程中出现的人文特性一样,赋予了"人本主义设计"更多的含义。这种设计教育试图在创造价值性、有效性产品所需的各学科知识间寻求一种平衡、协调,通过设计活动来平衡艺术学、工程学、社会科学等各个方面的知识,而且试图使它们和谐而非强调某一方面。西方现代设计便是以"人机适合"来构想产品,实施其"人性化"价值理念和追求的。

设计教育进入大学校园是设计科学最重要的发展。经过一百多年的历史演进,这在西方已经很完善了,而在我国还在不断地探索过程中。设计的重新定位仍然在进行,它会从不同方面改变着未来的设计思想。

四、中国设计教育之现状

20世纪80年代以来,随着改革开放的不断深入和发展,社会及市场的迫切需求导致现代设计在我国迅速发展。从20世纪50年代初到90年代末,中国的设计教育经历了由"工艺美术教育"的形成与发展,到"设计教育"观念更新的转变,这一转变为中国的艺术教育带来深远的变化。它使我国设计产业以传统的装饰、服装、首饰、家具等行业为依托的产业结构发生了根本性的变革,转向以蓬勃发展的新技术带动的家电业、广告业、包装业、电子业、通讯产业、环境工程及环境设计产业、展览业等为依托的设计新型产业。无疑,适应时代发展需要,培养能够参与竞争并着力于推动市场经济可持续发展的人才,已经成为当今设计专业教育亟须关注的前沿课题。因此,培养面向21世纪的新人,要符合时代发展的需要,充分体现与时俱进的精神,在培养目标上,把重心定位在开发学生的创造性潜能的目标上,集中培养学生健全的人格和创造性设计思维能力,全面构筑学生掌握设计方法、设计技能和综合知识的应用能力,使之能够担负起新时代的设计使命。

中国现行的教育体系中,设计教育基本上按照两种模式进行。一种是在专业美术院校、综合性大学和师范院校;另一种是在各种工科院校,如建筑、机械、轻工、纺织等。前者偏重美术理论和美术基础训练,后者偏重不同专业的工艺与专业技术的训练。这一点可以从他们开设的不同的课程上明显看出来,这两种教育模式本来可以互相借鉴,互相补充,但因为现存的教育管理体制,如综合性大学隶属教育部门;专业美术院校隶属文化部门;工科院校隶属各产业主管部门,彼此间很难有深入的联系。迄今,中国的高校招生,一直分文理两大类,演变到今天,这种体制已经波及到基础教育的中学所采用的应试教育的教学方法等分科问题。而设计学科,也因这种招生体制,被人为地割裂开来。艺术类学校的教育模式往往只重视形式审美教育,对工学知识的传授十分欠缺;工科类学校的设计教育,重在机械地堆砌某些工科课程,而忽视人文科学的综合性思考。虽然,理工院校或者综合性大学创办的类似专业有一定的理工特点,但仍然是在走着一条与美术院校设计教育相类似的道路。尤其是对于设计教育中的工业设计专业较之其他设计专业而言,是一门覆盖领域很宽的交叉学科,更加明显地体现出技术与艺术相统一的思辨成分。艺术和科学在这个学科领域里应该是同一天平上的两个砝码,只有相辅相成才能保持平衡。因此,如何建立完整科学的教育体系,是工业设计教育走向成熟,确立学科地位的标志。在高等教育中应该设立包含多学科的综合课程,作为创新的原动力。其中包括更好地帮助学生与其他学科的专家合作共事并与他们之间做到相互理解,也包括为多学科综合课程设立精英中心。这里指的多学科综合课程应当集管理、工程、技术、设计和创造艺术于一体。美国的斯坦福设计学院吸收不同学院的学生在课外以设计过程为主导的项目进行合作。既强调不同学科专业人才之间的交流和对话,又重视实际操作的体验。麻省理工学院的媒体实验室吸收多样化的方法,组建由工程师、艺术家、设计师和科学家构成的设计团队,协作完成放眼未来的研究项目,强调多学科混合来成就彻底创新的益处,并且指出大多有趣的研究主题无法明确完全属于哪个学科。项目团队通常包含工科学生(机械、电子、软件)、商科学生(营销和管理)、设计专业的学生(产品和传播)和人类学学生,民族志学研究也不断被引为新产品开发的构成要件。

在英国的设计院校,提出了"交叉学科—混合学科—跨学科"的概念,有意识地招收不同文化背景,不同专业背景的学生在一个班里学习,鼓励学生发展自己的设计理念,保持教学模式的差异性,从而完成由导师提出的跨学科所需要的课题任务。这对于我们理解西方的设计教育模式是有启示作用的。

为此,不少专家学者认为:只有当艺术作为素质教育,而不是作为一门专业的时候,文理相互隔阂的现状才会从根本上有所改变。我们知道,在欧美倡导了百余年的通识教育(General Education),可谓高等教育理论中既经典又最具活力的部分。我国高等教育的先驱们也有过很好的见识和倡导。蔡元培先生就提倡过大学本科要"融通文理两科之界限"，梅贻琦认为大学教育应以"通识为本，专识为末"。当前，我国教育系统中普遍存在的文理分家的状况和大、中小学教育链脱节的问题。这种模式已不再适合当代设计教育的现状和发展。

就设计教育体系而言，传统的设计教育体系可以说是知识积累型的，它采取的是点到点的线性积累方式，学生的学习是以被动的接受状态为主。出现这种状况和我国设计教育发轫于20世纪初以及发展过程中多局限于"传统手工艺"不无关系。相比起来，知识创新型则是新的设计教育体系的发展方向，它是一种扩散性的学习方式，要求学生采取积极主动的学习方法，并在学习中掌握自我决策的能力和独立分析的能力。

虽然中国设计教育中传统与现代的不和谐一直延续至今，但在20世纪80年代末，赫伯特·西蒙《关于人为事物的科学》一书被翻译出来并在设计界引起了人们的重视。人们开始意识到除了色彩、形态和材料工艺之外，系统的设计方法也是设计教育中一个非常重要的环节。可以说，中国设计教育开始从对"造型""装饰"的引导，转向对"生活方式"和系统的引导过渡发展。

随着我国经济的高速发展，社会结构和人们的生活全面改观，社会对设计人才的需求内涵也发生了变化，对人才的素质提出了更高的要求，对设计教育的内涵、方法、专业设置也因此发生变化。设计专业的设置及构架应寻找适合市场需求与时代同步的新途径和新方向。到了20世纪90年代中期至2003年间，各高等院校的设计教育获得了持续发展的巨大空间，在短短数年间，开设设计和工业设计专业的院校已逾650所，由于社会和企业都提出了新的要求，设计教育出现了转变，即从过去单一的技法和造型训练，转向掌握系统的设计思维方法的训练。从只关注美感和设计语义的形态研究转向对生活形态、设计管理、设计战略和产品计划方面的研究。设计战略和设计管理教育已成为设计教育体系新的发展方向。

针对当代社会对设计与制造的不断需求，应当大力发展两种不同的高等设计教育模式，有两种不同的专业概念。对高等职业教育，应针对市场的需要，细分专业，将至关重要的技术环节放大为专业培养口径，形成重技能、重实际能力的办学特色。而对普通高等教育而言，一个非常现实的课题就是整合教育资源，努力构筑跨专业的"大设计"教育平台。当我们强调普通高等设计教育的创造能力与综合素质的培养目标时,实际上是提高了对学生培养规格的要求。

随着国内制造能力的增强,珠江三角洲成了中国最大的制造中心。核心问题在于我国是否且如何从产品的纯制造国转变成为"设计—制造"大国。对这个问题的回答,至少部分取决于我国设计教育现行和未来采用何种形式。

第二节　设计师的知识技能与社会职责

王受之先生在《当今的设计教育》一文中指出:"在设计教育中,各国的设计院校都开设了理论课。就美国洛杉矶艺术中心设计学院的学生而言,修完136学分才可毕业,其中理论课占45学分,可见国外对设计理论教育的重视程度。理论课的设置不仅为把设计观念传授给学生,更重要的是通过教学达到设计教育的最高目标——培养有思想文化境界、懂得社会和市场经济的高素质设计人才。什么是高素质呢? 第一,是具有社会责任感。设计人员是社会工作者,他的设计首要考虑的不是钱,不是自我,而是社会。这点体现在设计既要安全、美观,又要对生态环境负责,不能对人类赖以生存的环境造成污染等。设计教育就是要使设计人员明确个人的社会责任感和公共意识,让他们更多地思考如何通过设计活动为社会取得很好的社会效益、为所服务的对象取得更高的经济效益。第二,设计人员要有非常明晰的经济头脑,对设计的发展方向有大致的判断。宏观来讲,应该对国内的经济形势有所了解,对世界的经济局势也要留意观察;微观而言,对设计的物品的成本价格、销售前景要清楚掌握。设计发展是经济发达后的产物,埋头于设计而不熟悉经济发展状况肯定不会有长远发展的。所以,开设市场学等经济课程是特别有必要的。第三,设计人员自始至终应该明确知道:设计是一种手段,美观处于次要位置,占首要位置的是实用。由美术专业派生的设计教学往往注重形式的美观,而实际上众多消费者的消费重点是着眼于产品功能的优劣。如何能让功能和美观融洽相处令消费者满意成了对设计人员的重大考验。第四,能与他人合作是设计人员的必备能力。随着时代的向前发展,科学门类将会越分越细,一个人无法掌握过多门类的知识,所以只能依靠不同专业的人员互相协作才能更好地完成工作。设计人员亦然,有了良好的合作能力才令优质的设计有了前

图6-6
视觉传达设计

提、保障。第五,了解消费心理对设计人员十分重要。对消费者而言,最大的满足和最少的支出是最能吸引他们的,这也就是设计的定位。倘若设计人员对此一无所知,设计便失去方向,不会得到令人满意的效益。"

从培养学生设计的创造能力而言,社会实践、技法的训练,只是手段,而不是目的。设计创造能力的培养是设计教育的核心问题,而这种创造能力的形成和培养,关键在于多方面知识的学习和修养,在于提高学生整个知识结构的层次,这是一个共性问题。"有人认为设计实践可以代替设计高等教育,这等于取代了高等设计教育的严肃性和系统性。设计实践常常不能自觉提高设计的水平。高等设计院校要以高人一等的教学质量、设计理念、教学设备对学生加以培养、训练,使他们通过实践能不断提高自身的素质和设计层次,从他们的设计作品中应该体现出高人一等的文化修养"。王受之先生针对国内设计专业课程设置的问题指出:"设计教育应与市场相适应,学生用从学校所得来的知识很快能够接受市场的挑战才是设计教育真正的成功。设计教育与市场出现脱节的情况,这种现象的产生恐怕与排课方式有关。各院校排课的方式大都是按现有教师来安排具体课程,并非按照逻辑、结构的需求安排。如此,忽略了教学体系的科学性、完整性。"如何加强理论课、选修课、理工科课程的教育,重视交叉学科的教育,是我国设计教育要解决的重点问题。

优秀的设计师具体主要表现在以下几个方面:

(1)设计师必须要有职业良知与道德约束自己。拥有现代科技知识修养,掌握传统文化精髓和国际、国内专业的最新信息;

(2)强烈的事业心和献身精神。现代社会环境的变迁在日益加速,一个设计师应该将改善人类生活环境和工作条件,提高人类生活质量,创造更为合理的生活方式作为毕生努力的崇高目标。因此,设计师首先应该是生活的热爱者,并努力将自己的劳动成果注入生活、影响生活、创造新生活,赋予社会生活以新的实在意义,即为人们带去更多可以获得愉悦和感动的产品。

(3)探索和追根究源的欲望和能力:以创造性思维为指向,更加突出跨学科交叉思考为核心的学习研究过程。作为一个设计师,周围的一切都能引发其注意力和好奇心,要多看、多问、多思考,喜欢追根究底、探求事物的内在奥秘,这比去关心学习课本更重要。因此,设计师往往能通过一些很不起眼的小事,溯本求源,运用某一事物的基本原理而演绎成为意义深远、具有创造性的定理或引发出新的概念,并能在实践中应用。

(4)具有创造性思维和实行力:以创造性思维为指向,更加突出跨学科交叉思考为核心的学习过程。设计师的"才"可以分成两个部分,一部分是思维能力,另一部分是实行力,也就是通常所指的"思"和"行"两部分。因此,设计师应具备两种思维能力。形象思维能力包括对形态的感受力、形象的记忆力和想象力。抽象思维能力指善于归纳推理和演绎推理。实行能力,包括完成的能力、表现的能力、社交的能力、语言表达的能力等。创造性设计既包括新概念产品(作品)的设计也包括已有产品的改良设计;

(5)表现能力:设计师应力求以完美的设计理念赋予其产品优美的造型与品质。对线条、造型与空间的独到理解、领悟与把握,以高超的设计表现技能,使艺术之于设计的完美体现。

(6)具有较强的沟通能力和市场分析能力:设计管理的兴起要求设计师要更加全面地了解设计的开发过程,要有更好的处理人与人、人与环境、团体之间、民族之间、企业之间、设计师与政府之间、与消费者以及与世界各国之间、与各方面专家等协调能力。正确把握自身在设计过程和环节中的适宜角色。

　　优秀的设计师应随时关注市场上的需求及其变化,并要有对其进行调查研究和科学预测的能力,以便根据其不同需求进行设计,确立设计的目标,以适应不同消费者的购买心理,使之乐于接受。在未来,产品设计的求新,求变化是必然的,但它不应来源于市场,而应来源于社会,来源于新的伦理道德规范,来源于新的产品哲学思想"少而优"。实现"少而优"是未来人类发展的主要目标,首先是人类本身,其次是资源和能源的合理使用,目前在世界许多地区和部分城市人群中已引起了关注。

　　(7)成为生产厂家和消费者之间的桥梁:一件优秀的产品设计,应使消费者和生产厂家都能接受。这就要求设计师在掌握市场学知识的基础上进行设计,在设计中既要考虑生产厂家的产值利润,又要考虑到消费者的需求,例如产品的审美价值、便宜性、安全性、耐用性及产品(用品)的操作是否简便易学、是否能使消费者同时获得物质和精神两方面的满足感等。在未来,经济的发展意味着"质"的增长,而不再是"量"的增长,不再是铺张浪费,破坏资源,增加负荷。设计的质量将是产品总体质量的关键,设计师及设计工程师应把自己的作品完全融入工业文明新概念的研究中,将对产品总体质量负责。

　　(8)具有宽广的专业面和终身学习的自觉精神。这是对设计师的总的要求,是指设计师应具有特殊的素质和专业技能。作为设计师,必须有综合的素质并且善于从实践中学习本领,即无论遇到多么复杂棘手的设计课题,都能通过认真总结经验、用心思考、反复推敲、善于吸取本国和外国设计文化中的智慧,以强烈的敏锐感觉去观察周围的环境,以更加开放的思想去考量变化着的日常生活,具备随时学习新知识,以新思路解决新问题的能力。

图6-7
尼桑越野车设计

（美）A.J.普洛斯总结的所有设计人员应共同具备的基本素质：

敏感性：关心周围世界，能设身处地为他人考虑，对美学形态及周围文化环境的意义怀有浓厚的兴趣。

智慧：一种理解、吸收和应用知识为人类服务的天生才能。

好奇心：驱使他们想搞清楚为什么世界是这样的，而且为什么必须这样。

创造力：在寻求问题的最佳解决方案时，有一种坚韧的独创精神和热情的想象力。

由此可见，具有良好的道德观念、专业知识和创造能力，已成为设计师所必须具备的基本素质。相信设计师在未来的时代里，将扮演愈来愈重要的角色，他们不仅要注重强化本身所应该具备的，在商品美学上的专业职能，而且还必须充实自己在设计策划、设计传播、设计理念等方面的相关能力，只有这样才可以使设计跨越技术层次的巢臼，为社会的进步承担起重大的责任。

第三节　面向未来的设计教育

一、对知识的探索

当代社会正从工业社会向信息社会、知识社会过渡。进入21世纪，世界经济全球化进一步向纵深发展，经济知识化趋势更加显著。中国加入世界贸易组织，经济进一步融入世界经济的潮流之中。在这种大环境下设计师需要什么样的知识才能更有效地工作呢？当然，这些环境包括技术的复杂化、人类自身的复杂化。另外，我们如何将新知识引入到设计的教学当中？如何重视学生的知识视野，建立开放的、科技和人文相结合的知识体系，使学生不仅能随时吸取新思想，运用新科技，而且能创造性地进行设计？近年来，无论是西方还是在中国，各类不同学科的大学紧密合作或组合成新的综合大学都不是偶然的。尤其是设计作为技术与艺术结合的产物，成为一门交叉学科。这就要求设计师必须与其他领域的同事密切合作和交流。哪一门学科对设计师来说是最重要的？认识心理学、工程学、计算机科学、人类学、社会学、材料学、市场营销学等。毫无疑问，从适应社会需求的教育主旨来看，这些学科的知识在设计中是必须有所了解的，它有利于多学科的专业知识通过培养目标的贯彻，以交叉、融合、渗透的教学方式为学生所掌握。

二、创造能力的培养

人类的教育发展经历了三大阶段：一是古代的传习性教育，它面向过去，以传授和继承以往的社会规范和知识为主要目的；二是近代的选择性教育，它的基本倾向是注重眼下和当前的需要；三是现代创造性教育，它面向未来，以培养创造性人才为基础。前两者统称传统教育。19世纪末至20世纪初，创造性教育首先在美国得到重视，并很快扩展至西方各国及日本、东欧和前苏联。现在以开发和激励学生创造潜力的创造性教育已成为一股世界潮流，尤其是设计教育更是面向未来的。培养创造性人才，首先必须转变教育观念，从传授、继承已有知识为中心的传统教育，转变为注重培养创造精神的现代教育。

创造能力的培养，是一个复杂的问题。在西方设计教育家看来，有一个普遍的共识，即很少学生生来就有设计天赋，而大多数学生的创造能力是可以在后天培养和教导的。我们培养学生的创造力不是通过模仿设计大师的作品，而是通过掌握设计技巧，最重要的是通过了解人们日常生活中突然遇到的各种具体问题来培养，这需要学生对社会、人的生活方式的细心观察。对设计专业来说，没有培养创造力的设计技巧课程是毫无意义的。大量枯燥无味的设计技巧的重复练习会使学生以为设计就是表现形式，而缺乏对设计本质的理解。西方教育家们发现，学生的创造能力是可以通过在为别人服务的过程当中遇到的实际问题和困难来激发的，被称为"创造性的问题解决方式"。而我们应尽量鼓励学生在寻求和表达"解决问题的方式"时应更加有自信心。最终，很多学生会拓展自身的经验，以及与老师讨论的机会，并且集中精力关注自己感兴趣的创造方法。正如英国皇家艺术学院在培养目标上所提出的"我们的目的是让从事设计的学生用创新的思维和为现代及未来的产品重新解释当代的生活"。

另外，设计中的创造不能仅仅停留于产品的外部形态。20世纪初期，许多人认为设计师的创造力体现在工业产品和平面作品可视的外形上。今天，我们不得不承认，形态只是表现设计才华的一个方面。其实，还有许多设计领域需要学生了解。学生可以根据不同的设计领域培养不同的创造能力。这反映了通过掌握新的设计技巧和设计方法拓展学生对设计的理解。事实上，产品的成功不仅在于对设计的表达能力，还在于对设计有系统的思考与设计团队的集体合作。这要求学生发展自己多方面的能力。就现在国内的设计教育而言，一直存在着重设计实践，轻设计理论的倾向。比如,如何通过设计理论的教育,培养学生运用设计哲理来指导设计,这方面的课程包括哲学概论、设计史、设计哲学、设计方法论、设计创造性思维、产品分析、市场及消费者调查、市场学、人体工学以及消费心理学等在设计上的应用。虽然,绘画和电脑制图是学生必须掌握的重要技能。但未来的设计将更多地依附于创造力、开放的思想和批评的精神,这需要更多的知识面来支撑。因此,专业技能并不能充分体现学生将来是否会成为一名优秀的设计师。绘画和电脑只是一种表现方式,要学会运用不同的手法去达到不同的目的,而最重要的问题在于表达什么概念。事实上,知道了需要表达的概念比仅仅掌握已经存在的表达方法更具有创造性。正如日本设计家黑川雅之所言:"当一个从事设计工作的人认为自己是设计师时,用技术衡量是不够的,我们都必须超越在技术之上,用一种思考,一种哲学思想与一种文化的内涵去思考设计问题,才可以称为设计师。"①

三、课程的设置

高等院校专业教学课程的设置是设计学科最明显的标示。谈到课程,自然就想到学科间的交叉学习问题。过去,设计教育强调专业的学习,学科间的界线很清晰,很少鼓励学生跨学科学习,这样的专业学习在课程设置中暴露出来的问题值得我们深入思考。今天,设计教育家已经意识到了将设计与其他学科整合、交叉学习的重要价值。许多院校已采用学分制或选修课的形式,由代表不同学科的有才华的老师任教。原因很简单,我们需要一种新的、具有更高综合性的求知方式。为了适应设计综合性的发展趋势,建立综合性的系统设计教育课程体系,应以重要的科学观——系统及系统思维所具有的综合性、整体性、系统性认识和考察事物的方法、基本思路为设计教育的改革和创新提供理论上的保证。在课程设置方面,强调以设计为中心,即以一系列精心"设计的"设计课题为核心,有机地编排相应的支撑知识,使学生在这些课题学习过程中培养综合性的解决设计问题的能力。这些综合知识是学生在工作环境中将面对的,而且与其他专业的成员合作时也更容易沟通。近年来,国内不少设计院系在教学思想、教学手段、课程设置等方面都在不断的调整与改革,提出了全新的设计教学模式,在这些教学改革中,都体现了一种共识,就是"跨学科性与集成性"即必须将设计作为综合性的交叉学科来组织教学,从而打破过去专业

① 吴晨荣.思想的设计[M].上海:上海书店出版社,2005.

方向各自为政的条块计划,共享课程资源,既为通识教育提供丰富的横向课源,也为专业方向的深化教学创造纵向发展的空间,以全面提升学生的综合素质。

在西方或者日本和韩国,工作室仍然是设计教育中最基本的组成部分。因为工作室是学生在实际创造过程中整合各种知识和技能的地方。另外,还有其他很多需要学习的环节,这些环节要求学生深入了解其他各种知识。其中,一个被称为"设计实践的概念与方法"。正如它的名称所反映的,其目的在于教导学生在设计实践中的一些新方法、新技术。在这个环节当中,人类知识、文化要素、用户的研究是教学的主体。概念和方法的个别指导,使学生在设计工作室的实践中得到理解。另一个内容为"设计研究",包括设计历史、设计理论,设计的发展动态,以及影响设计的商业和经济方面的知识。我们在这个环节的完善使我们可以很清楚自身所处的位置,以及该向何处发展。值得一提的是,在西方人文教育传统中对学生的培养,采用的是"通用教育"。西方最好的设计院校中,有三分之一的学习、指导是在设计领域之外的课程中进行的。这些课程包括文学、自然科学、社会科学以及数学、计算机科学、工程技术学等。同时教育的具体内容,除技术和造型外,应大力增加随着时代发展所需的人文素质方面的课程,如增加对未来社会、人类生活、设计营销所必须的认识论、现象学、人类学等人文社会科学知识和新技术、历史、社会、文化、环境的了解,包括沟通能力、理论创新、市场营销的素质等。原因在于要想在当今的文化环境中有效地工作,就必须要有渊博的学问。我国的设计教育面临着教育体制、师资力量和办学水平方面的局限,将如何整合这些课程问题,是未来设计教育面临的一个新课题。

四、设计观念和实践应用能力

现代设计教育的发展,传承了德国包豪斯的设计教育理论体系。这就是教学、研究、实践三位一体的现代设计教育模式。在这种模式下,学生不但可以学到更多的专业知识,而且可以具有一定的理论素养,还可以掌握比较熟练的实际操作能力。

设计的学科性质要求学生能把设计思想和新的概念变成现实,把抽象的理论变成具体的物质形象。对于将来担任造型任务的学生,除了应具备更多、更广的知识外,在服从机器制作、用品功能以及消费者的审美方面,仍然要求设计具有独创性。这些独创性,必须是熟悉、掌握和选用各种新材料、新工艺以及构造知识和扎实的造型本领。包豪斯所倡导的现代设计教育观念和将手工艺

图6-8
路易斯·康设计的孟加拉国国
会大厦　1962年

与机器生产结合起来,提倡在掌握手工艺的同时,了解现代工业的特征以及强调实际动手的能力和理论修养并重的思想仍具有现实的指导意义。目前在许多国家的设计教育都十分重视手工制作。德国、日本、韩国等国家几乎所有的设计院系都将传统的工艺手法作为基础教学中的重要一环,他们将先进的设备用于实验,而传统的设备用于教学,让学生在实践过程中掌握技术的发展规律,认识设计的历史,这样做决不单单是形式上的传承,而是通过手工实践由感性入手,培养未来设计者的探索和创造能力,使设计更贴近人性,推动其良性发展。

将设计教育与实际生产操作相结合,可以使学生从简单的工具和手工作业过程中获得使用机械的能力和理解力,包括对材料、工具、机械的感受和把握,以及设计的构思和创造性的想象,在这里均可得到检验和成型的机会。因此,将手工操作实践作为现代设计教育的必要环节,既保留了传统的手工艺文化,又使学生有意识地寻求了与大工业的有机联系,既能锻炼学生灵巧的双手,自测力的准确无误,又能锻炼协调功能与形式统一的本领,更重要的是通过手工制作来启发创造性思维和开启对传统美的领悟能力。

与其他美术专业教育相比,现代设计教育是市场经济体制中的应用型专业。学生在校期间就必须参与市场分析的实践活动,及时获取来自应用市场的最新信息反馈,以便学校及时调整设计教学理论,更新、充实原有的知识结构。只有这样,学生和教师通过实践—理论—实践的综合性信息沟通,建立一种不断更新的适应信息社会飞速发展的知识结构,形成良性循环的教学信息网络,以保证学生在校四年的学习毕业之后,能沉着地面对市场竞争的选择。

设计教育的另一个重要的实践环节,就是"互动设计"。互动设计是设计的一种新方法,在许多实践领域都应用过。虽然它表现显著的地方在人与电脑之间设计互动,但对传统媒介、传统设计问题来说也具有方法论的意义。对信息设计、服务设计、交易设计、打印通信、新产品开发、企业识别设计、工业设计、组织设计,以及系统设计也是非常重要的。互动设计基于人类关系,特别是借助各种形式的产品来调解人与人之间的关系。虽然西方设计教育家没有用"互动设计"来描绘他们在设计思想上的新探索,但是互动设计的概念和方法成了各式工作的基础是不言而喻的。而这些新的关于信息设计和互动设计的观点,对于未来设计教育会有哪些新的设计实践领域等问题,是有启示意义的。因此,通过不同领域地教学实践,学生们可以学会如何系统地思考、工作和设计。

五、21世纪的设计内容和方向

设计学中的产品是什么? 过去,"产品"一词意指工业设计的成果——可触摸的人造物。一般通过形态、色彩、质感等,在开发最后阶段形成造型,即单纯地给设计对象赋予造型特性,起到提高企业竞争力的专业性作用。由于设计对象囿于硬件性、物质性可视产品,设计内容常停留于物质外形和表面。今天,超越物质性硬件的非物质的、软件的、非可视性价值等,将成为社会发展的主流。

非物质设计对当代的设计教育提出了许多需要重新思考的问题。最重要的问题是:设计究竟更多的是一种"策划"还是原来意义上的"设计"? 设计更多的是一种"技术"还是一种"方法"或"方法论",这些问题无疑是决定21世纪我国设计教育发展的方向性问题。

众所周知,设计本身就是一种计划,而把策划作为一种相对独立的职能分解出来,是第二次世界大战以后设计职业化的结果,是与企业或跨国集团的运行方式一脉相承的。而原来意义的设计是指对一个"物"的设计,是研究"人与物"的关系。而非物质设计要求研究"人与非物"的关系,设计中策划的功能被一再强调,而且越来越突出。这对如何理解工业设计和设计教育的内涵将产生巨大影响。

以上述设计意识的转变为基础,塑造新时代的许多信息、多媒体、电子娱乐器具等,将具有设计的主导性创造价值。比如现在设计固然应设计游戏机的外形和画面的内部关系,游戏的特点、还应设计游戏的宗旨、含义、甚至构想。特别是电子空间的设计,就不能单纯按媒体属性的感觉加以定义。例如,把图形设计作为二维平面属性理解,产品设计与建筑作为三维空间理解,这种理解方式已不再具有意义。从某种意义上讲,以前的设计,始终被认为是传达包装内容的媒介。与此相反,在电子空间,更多的取决于能否检索诱发自发兴趣的信息,了解使用者多样性文化感受,并将其制成有意义的结构。由于信息内容即非物质性的知识本身已形成结构,社会需要具有更多智能的设计人才。

故我们对"产品"的定义就应扩展为指任何设计工作的成果,不论是平面设计、信息设计、工业设计,还是其他种类的设计。这一点很重要,因为在西方已开始探索适用于所有设计领域的"产品"新理论,称为"冰山"理论。因为产品所包含的内容、传达的信息远远大于其外形。风格与形态只是产品最显著的外部特性,但在形态后面却包含着更为重要的内容。产品要在市场上取得成功其形态和风格必须吸引人,但更重要的是它必须"有用"并且"可用"。产品"有用"一般体现在技术和科学上,是基于对进行机械生产的工人和使用者人机尺寸的深入研究。产品"可用"一般指是其适用于使用者的手和大脑,而这是建立在人机工学以及对个体工作方式研究的基础上。培养学生对于形态、风格的表现只是设计课程的一部分,而将产品的形态、风格与对使用者的研究、任务的分析、技术活动的研究等结合起来才适用于设计的不同分支。总之,将产品(平面的或工业的)性质的研究作为设计学的一部分会大大激发人们的创造力。设计师对人们生活的设计,将转变为表达日常生活多样化和细致含义的形态。因此,要满足国际市场的需要,还必须拓展我们的推测并探索变化不定的国际形势。这样设计教育将围绕产品多样化的性质而建立起相应的教学内容。

关于设计教育发展的目标与方向,根据社会发展趋向,从过去由能源和物质、分离和分析、标准化所支配的工业社会,转向信息知识、文化环境社会。从昔日以工业与企业为主的物质经济和竞争逻辑为基点的教育,转向重视知识价值为基础的精神与物质、多样性与整体性、人性与环境价值之间的有机联系,通过对这些价值的均衡探索,设法创造出和谐的人类生活环境。教育的具体内容,除技术和造型之外,还应包括随时代的变迁所需的有关设计修养,即对未来社会、人类生活、设计经营所必须的认识论、现象学、人类学等人文科学和尖端科学、技术、历史、社会、环境的了解,确立价值观和伦理观,以及沟通、理论创新、市场经营修养等。

韩国东亚大学艺术学院教授金泽勋在《二十世纪设计教育之展望》一文中认为:未来的设计教育,应置于创造多样性、综合性、社会环境价值相互和谐的人类生活价值,为此,首先需要把设计教育方向转变为以实验、研究、开发为中心,促进设计教育水平的高级化。这意味着:大学与企业之间的壁垒将逐渐消除并走向融合;设计将担当起风险经营的先锋角色;设计教育的方向应致力于开拓总体性视野,使研究、知识、创新、经营相互连接起来。

传媒、信息服务、娱乐、修养、教育等将成为支配未来知识产业的主要价值,对这些价值的有效开发和探索,也应成为设计教育的主要课题。未来设计师首先需要着眼于从无形世界构想有形世界,然后再从有形世界创造无形世界,这将是一个新的设计过程,这个过程充满创造性。对设计教育而言,这种创造能力的培养无疑是设计教育之核心所在。

第七章 设计批评

第一节 设计批评学概论

　　设计批评学是研究设计批评的学科,也就是元批评,本身就是设计理论的重要组成部分。设计批评是对一切设计现象和设计问题的科学评价和理论建构,是沟通设计与设计、设计与公众、设计与社会的一个重要环节。英国文艺理论家、批评家艾·瑞恰滋(Ivor Armstrong Richards)曾经指出"批评理论所必须依据的两大支柱便是价值的记述和交流的记述"。说明设计批评的价值论与设计批评的符号论的重要性,它是设计批评学的基础。

　　由理论批评、历史批评、应用批评和实践批评组成的设计批评是以理论研究作为基础的,而设计的基本原理以及在此基础上对设计价值论、设计语言学和符号论、设计批评方法论的研究等,构成了设计批评学的理论基础。

　　设计批评实践在本质上也是一种生产性的活动,这种活动是以人和社会的需要为尺度,考察并研究设计的创造过程,分析设计话语和符号的结构形式,揭示设计客体与人和社会的深层关系,预测并建构未来的设计与设计的学科。就现代设计而言,没有任何

图7-1
罗杰·塔隆为法国铁路设计的
TGV高速列车　1989年

图7-2
理查德·迈耶设计的德国乌尔
姆展览中心　1986年

实践可以离得开理论的普遍指导。设计批评是理论交流与设计实践互动的方式,具有现实的学术价值,它涵盖于设计史、设计理论、设计批评三位一体的系统中,包括了批评内容、批评方式、批评标准、批评性质、批评价值等诸多方面,拥有功能分析、经济分析、人体工程学分析、美学分析、社会学分析、心理分析等基本内容。

　　设计批评是理论与实践相结合的批评,并不是抽象的批评,而是有内涵、有意味、有理论、有设计、有交流、有沟通、有知识、有兴趣的批评。就本质而言,设计批评关注的是人及其社会存在。其最基本的形式之一,就是以人的需要为尺度,对批评的对象作出价值判断,建立起设计批评的基础。设计批评学由设计批评主体论、设计批评的价值论、设计批评的符号论和设计批评的方法论四个部分共同组成相互联系、相互补充的设计批评学理论体系。

第二节　　设计批评的基本概念及内容

　　它起源于文艺复兴的"设计"disegno一词,最早是作为一个艺术批评的术语,指合理安排视觉元素以及这种合理安排的基本原则。到了20世纪才开始出现现代意义上的设计概念。因此,从词源和语义学的角度考察,"设计"一词本身已含有内省的批评成分。

　　批评并非单纯的批评别人,贬低别人,抬高自己。"批评"的本意,包含表扬和自我表扬、批评和自我批评,它是平等、互动的交流。"批评"一词中的"批",是比较、互动、沟通,"评"是"言""平",就是平等对话的意思。设计批评是对设计的正面直视。设计的本质、设计的价值和设计的问题,通过批评解剖出来之后加以传播,让社会了解,让政府、企业得以认知。

从某种意义上说,批评就是评价,也是判断,是一种在观念中建构世界的活动。判断可以区分为价值判断与规范判断这两种类型。规范判断基本上是一种逻辑判断,而价值判断则基本上一种文化判断。

第三节 设计批评的任务和作用

设计批评是运用一定的设计观念、设计审美观念、批评标准或价值尺度对设计现象进行阐释和评价。这里包含了一定意义上的描述,不过,艺术批评中的描述,不可能是原形的如实再现,而必然带有阐释和评价的可能性在内。因此,设计批评的任务便是以独立的表达媒介描述、阐释和评价具体的设计作品;设计批评是一种多层次的行为,包括历史的、再创造性的和批判性的批评。

就当前设计的发展而言,对当前设计新进展的评论,无疑具有更直接的意义。当代设计评论不仅需要对各种新人新作做出反映,而且需要对重要的设计现象、设计流派、设计运动进行评述,包括宏观性分时段分文体的鸟瞰和剖析。

建立全方位多层面多视角多方法的批评体系。包括设计观念、审美时尚和价值标准,使设计批评具有深厚的学术理性和学术品格。

设计批评者的观念、理论素质和实践经验影响着设计批评的水平。因此,设计批评不仅仅是设计理论的简单表述方式,它更多地涉及到现实的指导意义,从而达到正确引导消费之目的。设计批评最重要的任务是:针对设计产业和设计实务现象和问题给予正确而真实的理论分析和指导,从而带动设计产业乃至整个社会经济文化的进步。

任何事物只要是发展着的,它总会有传统与创新的问题。从唯物认识论上讲,传统是已有的东西,创新是追求未来的东西,没有传统作为基础和参照也就无所谓创新。当今,全球化的浪潮席卷世界各地之际,有很多东西都趋于一致化、均等化了。特别是处于弱势文化的一方,几乎失去了自主性,陷入拷贝主义的泥潭,这

图 7-3
蝴蝶桌椅设计　［丹麦］南娜·
迪策尔　1989 年

样的一体化进程中,许多区域性的文化被破坏了。所以,人们一方面迫不及待的迎合全球一体化的文化品位,另一方面又在寻找具有地域文化特色的空间,以满足自身文化的需求。事实上,人类社会的发展是一个不断地扩大文化交流的过程。当代的每一个国家和民族,都纳入世界范围的多向多元的文化交流之中,它包括由文化传播而引起的文化接触、文化冲突、文化采借、文化移植、文化整合或文化融合的过程。东西方设计文化在相互对比、相互交流的大环境下,相比以往任何时代都更尊重文化的多样性和差异性,更加强调由文化的差异为地区所带来的价值和吸引力。因为,全球的文化生态必定是以文化物种的多样性来作为保证的。

所谓地域的就是国际的,创造具有本土特色的现代文化契机是随处存在的。这需要我们在继承和建设我们自身的设计文化时,能够很好的整合同质文化和异质文化,并勇于文化的不断创新。设计的目标之一就是激发人心中生命的能量和创造力。

总之,设计批评对建立设计实践、设计管理、创新意识、文化建设、设计价值取向的一体化系统,以及完善设计思维、提升设计价值、传播设计文化、促进设计产业生态环境的成熟等都起着十分重要的作用。

第四节　设计批评的类型

就方法论的层面而言,设计批评可划分为理论批评、应用批评和实践批评三种类型。而这三种类型的批评又是互相渗透、互相依存的。

一、设计的理论批评

设计的理论批评是在理论研究的基础上或专注于探讨某种理论体系、美学理论和意识形态的批评。有些理论批评也试图从研究设计及设计现象中探求设计的原理,制定理想的、带一般性的设计美学和设计评论的原则。实践离不开理论的普遍指导,批评更是一种建立在理论基础之上的实践活动。因为批评涉及到人类的认识活动和创造活动,它不仅是一种认知活动,也是一种以把握设计的价值和意义为目的的认识活动,一种实践活动。

作为理论批评,首先是意识形态批评,其次是历史批评。设计的意识形态批评是一种导向性批评,是用严格的分析代替直观判断,论述制约形态的总体关联域。导向性批评通常是指设计分析、或指艺术的分析。如以美学、语言学和符号学的理论进行的批评就属于导向性的批评。另外,任何批评,都必须建立在历史批评的基础上,所谓"以史为鉴""引经据典"成为批评史上最早的批评实践。历史批评与设计史有着十分密切的关系。一般而言,设计史的使命在于三个方面:一是确定史实,二是解释意义,三是诠释演变和发展的原因。由于历史的原因,这三方面的实现只是一种愿望和理想。可以说,无论是工艺美术史或现代设计史,其考古或文献如何丰富、如何齐全,在实质上,我们是无法认识设计史的全貌的,我们所看到的设计史是设计史学家编排的历史文献。因此,设计史本身就有明显的倾向性,受意识形态的影响,也可以说是一种设计批评。

二、设计的应用批评

应用批评又称实用批评,是批评的主要方法之一。它是与一般原理和普遍原则的"理论批评"相对应的。其主要特点是将艺术原理和美学信念作为批评原则,应用于对具体设计者和设计作品的批评,它包括艺术批评和操作性批评。设计师在设计过程中对自己作品的审视,以及与他人作品的比较,也是一种应用批评。

艺术批评是一种形式批评,从一定的思想理论和审美观点出

图7-4
大众汽车公司标志

图7-5
瑞士SWATCH手表设计　2000年

图7-6
大象设计组设计的电饭锅
1999年

图7-7
拉夫·埃克斯特洛姆为亚美尼
加包装公司设计的新标志
1957年

发,根据一定的批评标准,对设计作品的艺术性和创造性作出鉴别,表达批评主体的感受与反应。主要注重设计的艺术技巧、设计手法、设计的形式构成、结构和语言特色等。着眼于用艺术的方法进行批评,根据形式美、造型规律以及审美趣味进行批评。操作性批评通常是指具有实用意义的设计的个案说明和比较分析,与设计的理论批评侧重于普遍性和一般性相对应,即狭义的设计批评——设计评论,其特点在于批评的特殊性和个别性。如设计竞赛或投标的方案评选,或者专题评论等。

三、设计的实践批评

就设计批评的具体操作而言,其批评的标准和规范不是单向的,也就是说,不仅是设计批评家和设计师制定设计批评的标准和规范,设计批评的实践和设计实践反过来也会对设计批评的标准作出调整和修改,因此,设计批评的标准和规范不是先验的,而是在批评实践中产生的,结论是在批评实践之后,而不是批评实践之前。比如面对国内近年来愈演愈烈的豪华月饼包装等华而不实的设计,由于单纯追求人的需要的满足,迎合的是一种要面子、讲虚荣、搞浮夸、求奢华的不健康的营销理念和消费心理,所带来的一系列负面效应,反过来阻止以人为本设计的可持续性发展。这种"浪费性消费"或称"炫耀性消费"大量地消耗自然资源,助长铺张和浪费的风气,使设计沦为商业主义的附庸。对此,中国艺术研究院的吕品田先生在批评设计屈从于商业主义而缺乏社会责任感的种种现象时提出:我们应在设计上提倡"物尽其用""勤俭节约"原则,要抵制商业主义唯利是图的快速消费。人们应该反思,经济活动到底是追求人和社会健康、持续的发展,还是为满足一时的物欲或无休止地聚敛钱财? 如果不解决这个价值追求上的重大问题,我们的经济发展就不可持续,设计也不可持续。[①]通过这样的批评,我们有必要重新审视我们对设计人性化理解所造成的误区,并确立新的设计实践规范。

四、设计的比较批评

英国学者波斯奈特指出"有意识的比较思维"是19世纪的重要贡献,"用比较法来获得知识或交流知识,在某种意义上说和思维本身的历史一样悠久"。波斯奈特称"比较"为支撑人类思维的"原始脚手架"。也就是说在中西两种完全不同的思维文化概念中,通过比较的方式,可易于人们交流,接受新知,以宽广的比较视野研究两种或更多文化体系中的设计产品。[②]世界各文化体系之间有差异的存在,所以才能相互吸取、借鉴,并在比较中进一步发现自己,"不识庐山真面目,只缘身在此山中",我们必须从外部,从另一种文化的陌生角度来审视自己,才能看到许多从内部无法看到的东西。

第五节 设计批评的主体与对象

按照马克思主义的原理,人首先是实践活动的主体。人通过实践活动体验获得认识能力,并在实践活动中将外在于他的社会

---

①清华大学美术学院.装饰[J].北京:装饰杂志社,2005(10):54.
②于永昌.比较文学研究译文集[M].上海:上海译文出版社,1985:372-375.

图7-8
德国奥迪汽车设计

文化转化为内在的认识取向和价值取向,凝聚为认识的图式,并奠定批评的基础。主体是个人主体和社会主体的辩证统一,批评的主体与批评的客体在一定条件下可以互相转化。批评的主体不仅对客体作出批评,也在不同程度上参与了客体的创造。批评的主体性原则表明,批评活动及其结果总是与一定的人、一定的集团和一定的社会利益和审美情趣相联系。同时也意味着只有从主体出发来评价客体,才能认识客体的价值和意义,才能正确地实现批评内容的客观性,批评的主体性原则要求批评主体具有能动性、自觉性和创造性。

设计批评家既是批评的主体,同时又是设计的参与者,也会成为批评的对象,这种关系会处在不断变换的状态之中。在批评活动中,主体往往是以个人主体的方式出现的,有时候虽然纯属个人观点,但在大多数情况下,个人主体又是社会主体的代表,他们的批评在不同程度上反映了社会的需要,是个人和社会的统一。设计批评的个人主体可以根据专业程度划分为:专家、艺术家、公众和业主。

设计批评所涉及的对象既可以是设计作品、设计师、设计现象,也可以是设计观念。同样任何的设计使用者、欣赏者也都是设计批评者。

设计批评一般首先要对创作者、作品和事实本身有较为深入的了解和认识,具备一定的设计史和艺术理论背景知识,然后按照设计批评的规律和方法,以事实为依据,发表自己的分析、判断和见解。

图7-9
美国摩托车设计

按照一般艺术和美学理论,艺术活动是艺术生产主体的创造活动、艺术作品和艺术接受三大要素构成的系统整体。

设计作品作为创造和生产的产物,一旦进入生活领域,为人所接受,便处于接受、使用、鉴赏、批评的过程之中。因此,设计批评者便是指欣赏者和使用者,批评者与批评对象构成交互作用的复合体。批评意见影响到消费者的购买倾向,甚至影响到设计师。这在历史上并不鲜见。

再创造性的设计批评和批判性的设计批评,不同于设计史,它需要确定设计作品的独特价值,并将其特质与消费者的价值观与需要相联系。评论文章本身也因其文字的精巧和感染力而完全可以独立于所阐述的设计作品之外为人所欣赏。

批判性设计批评是将设计作品与其他人文价值判断和消费文化需要相联系对作品进行评价。从另外一个角度来看,设计批评的繁荣,将影响一批"懂得"设计的社会群体和企业群体。

图7-10
卡尔·杰勒斯特内为瑞士航空
公司设计的企业形象　1974年

第六节　设计批评的方法论

每一门学科都有自己的方法,而方法论的目的就是寻找那些对所有学科都有意义的方法,就这个意义上讲,方法论不是严格的形式科学,而是实用科学。

方法论的重要意义在于超越个人的直观、经验和主观判断,而上升为具有普遍意义的理论,并深入批评的本质方面。设计批评方法是在特定的规则系统中,应用不同的批评模式去实现批评的目的的有效说明及判断方式。就一般而言,设计批评可以划分为两大类批评模式:根据批评对象的批评模式,根据批评观点与批评标准的批评模式。因此,设计批评方法论是设计批评的基础理论之一。

一、设计批评的标准和规范

从观念的层面来讲,任何批评都须以价值观为基点,都离不开价值判断。而从方法论的层面来说,批评同样要以价值判断为轴心展开。也就是说,实施批评的基本前提是必须要有明确的价值观念和价值标准,有一套衡量事物的尺度。就设计领域而言,人们常从不同的角度为设计评价和创造提出过各种各样的观念、理论和标准,如:形式的完美性、技术的创新性、功能的适用性、传统的继承性以及艺术性意义等。

根据设计的要素和原则,中国当今所采用设计评价体系是从设计的科学性、适用性及艺术性上去考察。这三方面包括了技术评价、功能评价、材质评价、经济评价、安全性评价、美学评价、创造性评价、人机工程评价等多个系统。

德国的标准包括:实用性、机能性、安全性、耐久性、人机工程、独创性、调和环境、低公害性、视觉化、设计品质、启发性、提高生产率、价格合理、材质及其他共15项。

德裔美国平面设计师威尔·伯丁(Will Burtin)认为设计师最重要的考虑内容是人。"人的手、眼睛和全身的尺寸"作为尺度,成为评价任何设计的标准。

标准本身是个历史性概念,理论家提出的新的理论,也就成为新的标准,如"艺术与手工艺运动"是现代设计史上第一次大规模的设计改良运动,它的历史意义与作用也标志着现代设计史的开端。而代表人物莫里斯就是针对当时工业产品的粗劣和技术与艺术的脱节,提出了尖锐的批评;艺术理论家罗斯金主张生产"具有审美价值"的产品;理论家乌尔德呼唤创造性的批评等,由此推动了设计学科的发展并为后人的进一步研讨奠定了基础。另外,设计历史上的某些风格、流派、思潮和作品经过历史在时间和空间的大浪淘沙之后,其风格特征和设计思想逐渐为人们所接受,并成为它们所处的历史时期的一种模式和标志。如从文丘里针对密斯提出的现代主义建筑口号"少就是多"的批评到"少就是讨厌",从詹克斯对现代主义的批评到"国际主义"的终结,后现代主义的兴起,以及取而代之的形形色色的新风格,既体现了设计时代观念的嬗变,也体现出设计标准和评判系统的更动。因此,历史上的这种模式或标志一旦有了范畴的性质,遂成为设计批评的某种标准,被用作对其他作品进行批评的参照物。

例如:B&O是丹麦一家生产家用音像及通讯设备的公司,其品牌是丹麦最有影响、最有价值的品牌之一。公司在20世纪60年代末就制定了七项设计基本原则:

逼真性:真实地还原声音和画面,使人有身临其境之感。

易明性:综合考虑产品功能、操作模式和材料使用三个方面,使设计本身成一种自我表达的语言,从而在产品的设计师和用户之间建立起交流。

可靠性:在产品、销售以及其他活动方面建立起信誉,产品说明书应尽可能详尽、完整。

家庭性:技术是为了造福人类,而不是相反。产品应尽可能与居家环境协调,使人感到亲近。

精练性:电子产品没有天赋形态,设计必须尊重人—机关系,操作应简便。设计是时代的表现,而不是目光短浅的时髦。

个性:B&O的产品是小批量、多样化的,以满足消费者对个性的要求。

创造性:作为一家中型企业,B&O不可能进行电子学领域的基础研究,但可以采用最新的技术,并把它与创新性和革新精神结合起来。

B&O公司的七项原则,使得不同设计师在新产品设计中建立起一致的设计思维方式和统一的评价设计的标准,使不同设计师的新产品设计都体现出相同的特色。

如果一个行业没有批评存在,说明还很不成熟。没有标准的确立与超越性,一个行业就会出现很多不正常的现象。一个有力而准确的批评往往能改变行业的发展方向,起到督促与引领的作用。

二、设计的批评模式

设计批评通过直接的参与指导设计实践,可以使设计者更清晰、更敏锐地反省思考、修订设计,为设计创新构筑新的理论基础。正是设计的实践特征,决定了设计批评决不是书斋式的理论批评。鲁道夫·阿恩海姆的视知觉心理实验分析,恰恰是来自于设计实践的经验。设计批评要依靠视知觉判断和使用功能分析等手段来确立自身的评论模式。

当然,设计批评应围绕设计产业和设计本体来提出问题、探讨问题。而不是借助美术批评、甚至是传统工艺美术批评的模式,也不是单纯从经济管理、营销策划等泛领域出发来研讨设计问题。因此,设计批评的自身价值的体现,是通过对设计本体的深度体验,进行社会化传播的一种科学性思维理念。

设计批评的模式包括了价值批评、社会批评、科学批评、文化批评、心理批评、形式批评、图式批评、现象学批评和历史批评等模式。

图7-11
音乐会招贴广告设计

三、设计批评的逻辑方式和价值范畴

艺术批评有种种不同的逻辑方式,美国凯尼恩大学哲学家V.C.奥尔德里奇把人们通常使用的这些方式归纳为三类:描述、解释和评价。

在艺术批评中,一般都包含两种以上的逻辑方式,有时甚至是三种方式同时作用。艺术描述,在艺术批评中可以看作是对具体艺术品类存在现象的陈述,甚至是"表现性"陈述,即带有倾向性的描述,这种描述必然与解释和评价相联结。从逻辑上讲,描述位于最底层,以描述为基础的解释位于第二层,评价处于最上层。由此,我们仍然可以首先将设计的批评活动确定为一种价值的评价。

从观念的层面来讲,任何批评都须以价值观为基点,都离不开价值的判断。而从方法论的层面来说,批评同样要以价值判断为轴心展开。设计有着多层次的价值,从总体上说,可概分为五大范畴:哲学价值、实用价值、社会价值、艺术价值和经济价值。

哲学价值是普遍性价值,是对真、善、美、利等所有各种价值范畴的总概括。它涉及生命价值的根本范畴。属于这一范畴的有存在价值、终极价值和内在价值。人的价值是哲学价值的核心,包括人生价值,即生命价值;体现人与自然的统一关系的生理-生物价值;反映人与自然、社会的统一关系的认识价

图7-12
劳伦·拉尔夫设计的休闲服装　1985年

值；表现人与文化的统一关系的行为价值。

实用价值即主要的功能价值，它不仅在实用的意义上与效用性价值相联系，而且在实用价值的意义上与审美价值相统一。功效价值的高低与一定的造型结构相关，合理的功能结构必然有着良好的结构形态，它受四种因素的限制，材料的性能，材料加工方法所起的作用，整体上各部件的紧密结合，整体对观赏者、使用者或受其影响者的作用和结果。在道德的意义上，功能价值的合目的性与善的关系，善与美相通，因此在这两个层次上，功能价值与审美价值是一个辩证统一的互为关系。把功能表现出来，这是设计先决的必要的条件，因为功能价值很大程度上决定着产品的形式价值。形式的审美价值取决于：这种形式在多大程度上充分表现功能或者这种形式在多大程度上是合理的。但是，这绝不是功能主义者所认为的那样意味着"形式追随功能"。问题在于：不仅功能决定形式，而且形式也组织功能，在一定意义上还决定功能。

社会价值是指设计、设计现象和设计活动所具有的社会意义，满足需要的一种能力。主要包括政治价值、文化价值、历史价值、法律价值等。其中文化价值是指人类社会长期积淀下来的知识体系、伦理道德观念、审美观念、思维模式等，由审美价值（包括符号价值和行为价值）、伦理价值（包括行为价值和道德价值）、知识价值和宗教价值所组成的。从根本上说，价值关系是人作为社会主体的一种存在方式，这种存在方式，就是以发展求生存。由此形成社会的价值取向，从而建构社会的价值体系。

图7-13
"像男孩一样"针织服装设计　[日]川久保玲　1984年

图7-14
运用中国传统元素设计的时装

　　艺术价值是一种审美价值,艺术价值凝聚、体现和物化人对世界的审美关系。

　　属于经济价值范畴的有功利价值、交换价值、商品价值和使用价值,经济价值是一种主要与效用有关的价值。

　　今后人类生活中所需要的一切,如服饰、住宅、街道等,都应该全部重归最基本的设计原点。设计批评要重新审视物质存在的意义,启发人们对自然的材料、简朴的生活和单纯的社会结构以更多的关注,一种亲近自然的生活形态,使之成为人们追求的理想价值。

　　因此在批评、释义和描述中不涉及价值是不可能的、不科学的,也不会深刻。

第七节　设计现象的存在与批评活动的局限

　　设计现象是相对于设计批评而言的,关于设计现象是怎样存在的,如何能够真正把握这样的设计现象并作出准确、真实而可靠的判断? 也许一些批评家从未怀疑过自己的判断力。其实现实中,没有一个批评家能够在完全掌握各种设计现象的基础上展开他的批评,因此我们有理由把批评家的批评活动看作为有限的个性化的创造活动。它要求批评对新价值的发掘论证不能脱离作(产)品实际,不能牵强附会,因为批评家选择不同的批评方式直接关系到他对设计现象的有限掌握和据此所要表达的相关认识。但批评家绝不应充当一般意义上的解释者,而应当在独创性地把握作(产)品灵魂的同时,也应追求它们与自己思想的感悟相契合。从这一角度所看到的批评家的批评活动,仍然是一种偏重于独创性的主观阐释活动而不是有严格质量标准的科学实证工作,它突出了批评家在批评过程中所具有的个性特征和对设计现象所做的价值判断与思考。

一、设计存在具有一系列两重性特征

它既是物质的,又是精神的;既是感性的,又是理性的;既是主观的,又是客观的;既是个人的创造,又是充分社会化的产品;既是具象的,又是抽象的;既是合生命目的性的,又是客观规律性的。其存在的两重性使设计的本质成为一种复杂的双重规定,也使设计涉及到的交叉学科十分复杂,设计的全部复杂性就深藏在它的中介性之中,任凭研究者纵横驰骋。当人们站在不同的角度以设计批评的意识来看待设计,可以促进和提高设计产业的整体水平。未来的设计会越来越艺术化,逐渐地超越功能主义,过去的设计更多是为了满足人类的物质欲望,满足市场经济的种种需要,未来的设计应该同艺术一样,具有很强的精神性在里面。所谓生活的艺术化,是设计中个人尊严维系的哲学基础,设计师应该很敏感地感知人们需求背后的真正动机和心灵上的各种渴求,也只有抓住这些根本上的东西,才能为人们在美学上、在想象上,提供富有魅力的作品,才能提供未来的期待和梦想。21世纪,设计会成为激发生命力、感动人心灵的重要源泉。

二、创造性设计批评的理论依据之一"增值理论"

要实现作(产)品的增值,评论者必须发掘并言之成理的证实作(产)品在文化蕴涵、实用功能、审美心理、设计造型等方面的确取得了前人或他人未曾取得的成就,并对这些成就的价值作出判断,从而使大众信服和接受,促使他们将新增价值赋予作(产)品。许多著名"品牌"在消费者中树立的良好形象,与评论家对产品的价值发掘、论证与阐释是分不开的,因此,设计不仅仅是一个学科,它也是一个产业,生产出消费。

价值判断需要批评者具备相当的哲学、社会学、经济学、历史学、心理学、美学、艺术学与设计学等知识的积累,需要开阔的视野与宏观的考察。在增值批评中,最重要的价值判断,往往是从设计学科最根本的四大需求或特性出发而作出的。即所谓功能性、审美性、生产性和经济性,它们是人类社会进程中设计学科发展的一组难解的矛盾,在特定阶段或相关环境中会表现出某种倾向性。一件作(产)品、一股思潮、一种运动,无论它或它们强调哪一方面,对人类社会进程中的设计学科发展来说都是一种积极态度,一种值得肯定的进取精神。比如设计史上与功能主义有着密切关系的"德国艺术工业联盟",为了讨论技术产品形式的审美本质与标准化对艺术发展的影响,由一群艺术家、建筑师、设计师、企业家组成的,其目的仍然是要解决"艺术与手工艺运动"及"新艺术运动"后所未能解决的诸如艺术与工业、形式与功能、美与效用、设计与文化的关系问题。这也正是该联盟在设计史上的重要贡献之处。

创造性批评的完成尚不意味着增值的最后实现,批评家对新价值的发掘、论证和判断还需大众的认可。因此批评家的创造性批评可以使作(产)品一次又一次的增值,但批评也能使作(产)品减值。通过批评揭示作(产)品的模仿乃至拙劣之处,从而消解其虚假的价值,这就是减值,或称其还原其本身的实际价值。

因此,设计批评是一种使本质和思想得以相互渗透的方式,批评使设计的产品得以延续,得以开放,从全新的角度认识并剖析产品,从而重新建构未来的设计。就本质而言,批评是社会及社会中的人把握设计对社会、对人的意义、价值观念以及创造性活动。

参考文献

[1] 高丰.中国设计史[M].南宁:广西美术出版社,2005.

[2] 何人可.工业设计史[M].北京:北京理工大学出版社, 2000.

[3] 王受之.世界现代设计史[M].广州:新世纪出版社,1995.

[4] 张道一.造物的艺术论[M].福州:福建美术出版社,1989.

[5] 李砚祖.工艺美术概论[M].长春:吉林美术出版社,1991.

[6] 闻人军.考工记导读[M].成都:巴蜀书社,1996.

[7] 潘吉星.天工开物导读[M].成都:巴蜀书社,1988.

[8] 赫伯特·西蒙.关于人为事物的科学[M].杨砾,译.北京:解放军出版社,1985.

[9] 蓝凡,曹维劲.艺术学研究——方法与前景[M].上海:学林出版社,2004.

[10] L.文杜里.西方艺术批评史[M].迟轲,译.海口:海南人民出版社,1987.

[11] 阿瑞提.创造的秘密[M].钱岗南,译.沈阳:辽宁人民出版社,1987.

[12] 徐千里.创造与评价的人文尺度[M].北京:中国建筑工业出版社,2000.

[13] 马克·第亚尼.非物质社会[M].滕守尧,译.成都:四川人民出版社,1998.

[14] 余谋昌.生态学哲学[M].昆明:云南人民出版社,1991.

[15] 杨砾,徐立.人类理性与设计科学[M].沈阳:辽宁人民出版社,1987.

[16] 陈平.李格尔与艺术科学[M].杭州:中国美术学院出版社,2002.

[17] V.C.奥尔德里奇.艺术哲学[M].程孟辉,译.北京:中国社会科学出版社,1986.

[18] 贡布里希.艺术发展史[M].范景中,译.天津:天津人民美术出版社,1999.

［19］徐恒醇.技术美学［M］.上海:上海人民出版社,1996.

［20］朱红文.工业·技术与设计［M］.郑州:河南美术出版社,
2003.

［21］赵江洪.设计的含义［M］.长沙:湖南大学出版社,1999.

［22］李约瑟.中国古代科学思想史［M］.陈立夫,译.南昌:江西
人民出版社,1999.

［23］衫浦康平.造型的诞生［M］.李建华,杨晶,译.北京:中国
青年出版社,1999.

［24］柳冠中.设计方法论［M］.北京:高等教育出版社,2011.

［25］戚昌滋.现代设计广义科学方法学［M］.北京:中国建筑工
业出版社,1996.

［26］E.舒尔曼.科技文明与人类未来［M］.李小兵,谢京生,等,
译.北京:东方出版社,1995.

［27］莫·卡冈.艺术形态学［M］.凌继尧,译.北京:生活·读书·
新知三联书店,1986.

［28］郑时龄.建筑批评学［M］.北京:中国建筑工业出版社,
2001.

［29］辛华泉.形态构成学［M］.杭州:中国美术学院出版社,
1999.

［30］苏珊.现代策划学［M］.北京:中共中央党校出版社,2002.

［31］胡飞,杨瑞.设计符号与产品语意［M］.北京:中国建筑工
业出版社,2003.

［32］卡西尔.人论［M］.甘阳,译.上海:上海译文出版社,2004.

［33］朱祖祥.人类工效学［M］.杭州:浙江教育出版社,1994.

［34］欧格雷迪.信息设计［M］.郭玖,译.南京:译林出版社,
2009.

［35］苏珊·朗格.情感与形式［M］.刘大基,译.北京:中国社会
科学出版社,1986.

［36］卡洛琳·M.布鲁墨.视觉原理［M］.张功钤,译.北京:北京
大学出版社,1987.

［37］鲁宾逊.新史学［M］.齐思和,等,译.北京:商务印书馆,
1964.

［38］杭间.中国工艺美学思想史［M］.太原:北岳文艺出版社,
1994.

［39］章利国.现代设计社会学［M］.长沙:湖南科学技术出版
社,2005.

［40］林德宏.人与物关系的初步讨论［J］.自然辩证法研究，2000（7）.

［41］尚英志.寻找家园——多维视野中的维特根斯坦语言哲学［M］.北京：人民出版社，1992.

［42］RICHARD. BUCHANAN. Humanistic design：changing the education concept of eastern and Western Design［J］.Design Issues，2004，2（4）.

［43］唐·E.舒尔茨.整合行销传播［M］.吴怡国，钱大慧，等，译.北京：中国物价出版社，2002.

［44］库尔特·考夫卡.格式塔心理学原理［M］.李维，译.北京：北京大学出版社，2010.

后　记

《设计学概论》从构思到出版，差不多有六年了。

由于国务院学位委员会和教育部于2011年将"艺术学"升格为门类学科，原有的"设计艺术学"改为"设计学"（可授工学学位、艺术学学位）与艺术学理论、音乐与舞蹈、戏剧与影视学、美术学并列为一级学科。为了与上述学科分类保持一致，故将本书改名为《设计学概论》，以体现"设计"的交叉学科或边缘学科的性质，其内容也在原有的基础作了必要的修改和补充。

尽管如此，在写作过程中为了形成系统的思想，对待这一学科的核心概念，尚需做必要的界定。实际上，并非所有的"设计"都是所指的"Design"。当我们从学科性来解读"设计"概念时，这一称谓，虽为其赢得了巨大的诠释空间，却可能因为无限放大它的外延而模糊了对其概念属性与特征的把握。即便在设计界，所谓印刷设计、工业设计、媒体设计、信息设计、环境设计、建筑设计等这些行业之间并未形成社会语境中的公众话语，包括形成彼此间的价值认同，这是迄今尚未形成一个所谓完整体系的原因之一。现实的情况是：随着"设计"领域的急剧扩张，"设计"的重要性不断地被强调，"设计"的概念已被广泛使用，甚至出现滥用设计概念的现象。当然，为了设计领域的成长，吸收其相关学科的知识并扩大交叉学科的范围是必要的。广义地看，艺术作为设计的力量是不可忽视的，但更深一层看，技术的力量、感性的设计以及产业和商业的力量，这三点缺一不可。但无论怎么理解，艺术、技术与产业的相互渗透会催生出具有独特范畴、概念与方法系统的新学科，这点已被现代设计史的发展历程所证明。

考虑到"设计"一词本身具有非常多的含义，以及设计学科发展的复杂性，本书在描述和阐释设计学科的内涵时侧重于艺术与设计，而非工学设计。所以，在强调设计学科的性质时，我们可以将设计视为自然科学与社会人文科学的综合性学科，有独立的知识体系，但区别始终是讨论交叉的基础，教育部将"产品设计"与"工业设计"分属艺术与工学学科，使设计仍然有各自要解决的问题。因此原因，近年来，学界越来越重视沟通、跨学科、综合多学科的研究，是在强调彼此间的紧密联系。即使是在20世纪工业革命时期，由于职业化的分工，设计师从理论到实践对技术与艺术，功能与形式的问题也进行过认真的探索，通过设计一直在寻找其平衡点。只是随着设计的发展，对要解决的问题和范围日趋复杂，设计更多的被视为解决功能、创造市场、影响社会、改变行为和构建可持续发展等重要手段。社会学、人类学的蓬勃发展带来了对人性的更深入的思考和对人类需求的更深刻关注和认识。于是，人们对设计赋予了更深刻的社会意义和社会价值。为此，我们才可能对设计提出各种问题，并试图回答这些问题。

就目前国内的研究而言，已有不少相关的专著出版，虽也有其不同的表述，但更多的是以分支研究、专题研究为主，其成果也大体代表了该学科现阶段的学术水平。

这里以期构筑的设计学科理论的基本框架，主要参照了艺术学科的分类方法，即按史、论、评三大块来构成学科的基本内容。当然，艺术学作为人文科学的重要内容之一，并非指艺术实践和具体活动，而是艺术科学，也就是原理性的理论。不同点在于，设计是技术、艺术与产业联系紧密的一门实践性、综合性很强的应用性学科，需要随着科学技术、社会与经济的发展而不断地进行知识更新和理论创新。为此，书中对设计思维和设计方法等应用理论也作为重点加以概述，随着设计的实践和理论认识的不断深化，相信这方面的工作会做得更有成效。总之，编著的过程也是对这一学科进行梳理和学习的过程，目的在于让读者了解本学科的基础知识框架，了解本书的主要思路和方法。写作过程中，得到了著名美术批评家王林教授的指导，并提出了宝贵意见，同时也得到了重庆大学出版社周晓、黄岩等编辑的支持，在此对他们表示诚挚的谢意。

余 强

2012.6.18